高职高专计算机教学改革**新体系**规划教材

网络互联技术与实训

郑锦材 主 编
江璜 陈旭文 邱彬 副主编

清华大学出版社
北京

内　容　简　介

本书立足实际应用，以 Cisco Packet Tracer 6.0 为平台介绍网络互联技术。全书共包含 20 个项目，分为 4 个部分：基础环境、交换机、路由器和综合。第 1 部分介绍网络互联模拟环境的构建。第 2 部分的内容包括交换机的配置模式和管理方式、管理安全配置、文件备份和出厂设置恢复、端口配置、虚拟局域网的配置、冗余链路、路由配置、动态主机配置协议和访问控制列表。第 3 部分的内容包括路由器的基础、广域网协议配置、路由配置、访问控制列表、网络地址转换、动态主机配置协议和基于 IP 协议的语音通信。第 4 部分介绍无线网络和交换网络的三级结构。

本书的结构采用"项目—任务"体系，每个任务分为任务描述、任务要求、任务步骤、任务小结和任务扩展，符合高职高专教育的培养目标、特点和要求，突出网络互联技术实际技能的培养，内容安排及教学过程"好学易教"。

本书既可作为高职高专计算机类、电子类专业网络互联技术相关课程的教材，也可作为应用型本科学生的教材或参考书，还适合各类网络互联技术培训班使用，或作为网络互联技术爱好者的自学参考书。

本书封面贴有清华大学出版社防伪标签，无标签者不得销售。
版权所有，侵权必究。举报：010-62782989，beiqinquan@tup.tsinghua.edu.cn。

图书在版编目(CIP)数据

网络互联技术与实训/郑锦材主编. --北京：清华大学出版社，2015 (2024.1重印)
高职高专计算机教学改革新体系规划教材
ISBN 978-7-302-40276-3

Ⅰ. ①网…　Ⅱ. ①郑…　Ⅲ. ①互联网络－高等职业教育－教材　Ⅳ. ①TP393

中国版本图书馆 CIP 数据核字(2015)第 106334 号

责任编辑：刘士平
封面设计：傅瑞学
责任校对：刘　静
责任印制：沈　露

出版发行：清华大学出版社
　　　网　　址：https://www.tup.com.cn, https://www.wqxuetang.com
　　　地　　址：北京清华大学学研大厦 A 座　　　邮　　编：100084
　　　社 总 机：010-83470000　　　　　　　　　邮　　购：010-62786544
　　　投稿与读者服务：010-62776969，c-service@tup.tsinghua.edu.cn
　　　质量反馈：010-62772015，zhiliang@tup.tsinghua.edu.cn
　　　课件下载：https://www.tup.com.cn, 010-62795764
印 装 者：涿州市般润文化传播有限公司
经　　销：全国新华书店
开　　本：185mm×260mm　　　印　张：16.5　　　字　数：377 千字
版　　次：2015 年 9 月第 1 版　　　　　　　　　印　次：2024 年 1 月第 8 次印刷
定　　价：48.00 元

产品编号：064819-02

前言

FOREWORD

网络互联技术是计算机网络技术专业的一门专业课程。在这门课程中，交换技术和路由技术是其核心内容。为了更好地开展该课程的教与学，我们组织编写了本教材。

网络互联技术是一门较特殊的专业课程。如果使用真实设备搭建满足课程教学要求的实验实训环境，需要投入的资金很大。这对于很多学校来说较难实现，而且费时费力。因此，本教材以业界领先的思科(Cisco)公司模拟软件 Cisco Packet Tracer 6.0 为平台组织内容，并且说明了与真实设备的区别。

本书分为4个部分：基础环境、交换机、路由器和综合，共20个项目。

第1部分介绍网络互联模拟环境的构建。

第2部分的内容包括交换机的配置模式和管理方式、管理安全配置、文件备份和出厂设置恢复、端口配置、虚拟局域网的配置、冗余链路、路由配置、动态主机配置协议和访问控制列表。

第3部分的内容包括路由器的基础、广域网协议配置、路由配置、访问控制列表、网络地址转换、动态主机配置协议和基于 IP 协议的语音通信。

第4部分的内容包括无线网络和交换网络的三级结构。

本书在组织结构上按照学习领域的课程改革思路进行编写，以"项目—任务"的体系来编排，每个任务分为任务描述、任务要求、任务步骤、任务小结和任务扩展，符合高职高专教育的培养目标、特点和要求。

本书在内容的深浅程度上，把握理论够用、侧重实践、由浅入深的原则，使学生分层、分步骤地掌握相关知识。

虽然本书以 Cisco 的设备为例进行讲解，但是在规划中，力求全部的知识诠释和技术选择具有通用性，遵循国际、国家和行业标准。全书关于设备的功能描述、接口的功能描述、设备的操作规程、协议的分析诠释、命令的语法解释、设备图标和拓扑结构的绘制都遵循相关标准，以增强其通用性，能兼容其他主流厂商的设备。

本书由郑锦材主编，江璜、陈旭文、邱彬任副主编。郑锦材编写了项目6～项目9、项目12～项目14和项目17～项目20，江璜编写了项目5、项目11和项目16，陈旭文编写了项目4、项目10、项目15，邱彬编写了项目1～3。附录部分由郑锦材和江璜编写。全书由郑锦材统阅定稿。本教材在编写和出版过程中得到了清华大学出版社的大力支持,谨此鸣谢。

由于网络互联技术涉及面很广,技术更新速度很快,作者也在不断地学习过程中,书中难免存在一定的疏漏和不足之处,敬请读者不吝指正。为方便教学,本教材配有电子教案等教学资源,需要者请与清华大学出版社或作者联系,免费索取。联系邮箱:zjc_book@126.com。

编 者

2015 年 3 月

目 录

第1部分 基础环境

项目1 网络互联模拟环境的构建 /3

任务1 安装 Cisco Packet Tracer ································· 3
任务2 应用 Cisco Packet Tracer 搭建网络 ······················ 9
任务3 管理 Cisco Packet Tracer 中的设备 ····················· 13

第2部分 交 换 机

项目2 交换机的配置模式和管理方式 /21

任务1 交换机的配置模式 ·· 21
任务2 交换机的管理方式 ·· 25
任务3 命令行界面使用技巧 ··· 34

项目3 交换机的安全配置 /39

任务1 交换机的管理安全配置 ······································ 39
任务2 交换机的特权模式密码清除 ······························· 44

项目4 交换机的文件备份和出厂设置恢复 /47

任务1 交换机的文件备份与还原 ··································· 47
任务2 交换机的出厂设置恢复 ······································ 51

项目5 交换机的端口配置 /55

任务1 交换机端口的一般配置 ······································ 55
任务2 交换机端口的安全设置 ······································ 57

项目6 虚拟局域网的配置 /65

任务1 单交换机 VLAN 的划分 ····································· 65
任务2 多交换机相同 VLAN 的通信 ······························ 69

任务 3　三层交换机不同 VLAN 间的路由 …………………………………… 72

项目 7　基于分层设计的虚拟局域网的配置　/77

　　　任务 1　基于三层交换机的二层交换机不同 VLAN 间的路由 ………………… 78
　　　任务 2　VLAN 中继协议 …………………………………………………………… 82

项目 8　交换机的冗余链路　/89

　　　任务 1　生成树根交换机的选举 …………………………………………………… 89
　　　任务 2　生成树负载均衡的配置 …………………………………………………… 96
　　　任务 3　链路聚合的配置 …………………………………………………………… 101

项目 9　交换机的路由配置　/104

　　　任务 1　交换机静态路由的配置 …………………………………………………… 104
　　　任务 2　交换机动态路由协议 RIP 的配置 ………………………………………… 109
　　　任务 3　交换机动态路由协议 OSPF 的配置 ……………………………………… 111

项目 10　交换机的动态主机配置协议　/114

　　　任务 1　DHCP 服务的配置 ………………………………………………………… 114
　　　任务 2　DHCP 中继的配置 ………………………………………………………… 119

项目 11　交换机的访问控制列表　/124

　　　任务 1　标准访问控制列表 ………………………………………………………… 125
　　　任务 2　扩展访问控制列表 ………………………………………………………… 129
　　　任务 3　基于名称的访问控制列表 ………………………………………………… 131
　　　任务 4　单向访问控制列表 ………………………………………………………… 132

第 3 部分　路　由　器

项目 12　路由器基础　/139

　　　任务 1　路由器的接口 ……………………………………………………………… 139
　　　任务 2　路由器的配置模式与管理方式 …………………………………………… 142
　　　任务 3　清除路由器的特权模式密码 ……………………………………………… 145
　　　任务 4　路由器文件的维护 ………………………………………………………… 148
　　　任务 5　路由器单臂路由的配置 …………………………………………………… 152

项目 13　路由器的广域网协议配置　/156

　　　任务 1　HDLC 协议的配置 ………………………………………………………… 156

任务 2　PPP 协议的配置 ………………………………………………… 160
　　　任务 3　PPP 协议的 PAP 验证的配置 …………………………………… 163
　　　任务 4　PPP 协议的 CHAP 验证的配置 ………………………………… 165
　　　任务 5　Frame Relay 的配置 ……………………………………………… 167

项目 14　路由器的路由配置　　　/172

　　　任务 1　路由器静态路由的配置 …………………………………………… 172
　　　任务 2　路由器动态路由协议 RIP 的配置 ……………………………… 178
　　　任务 3　路由器动态路由协议 OSPF 的配置 …………………………… 181
　　　任务 4　路由器路由重发布的配置 ………………………………………… 184

项目 15　路由器的动态主机配置协议　　　/188

　　　任务 1　DHCP 服务的配置 ……………………………………………… 188
　　　任务 2　DHCP 中继的配置 ……………………………………………… 192

项目 16　路由器的访问控制列表　　　/196

　　　任务 1　标准访问控制列表 ………………………………………………… 197
　　　任务 2　扩展访问控制列表 ………………………………………………… 201
　　　任务 3　基于名称的访问控制列表 ………………………………………… 203
　　　任务 4　单向访问控制列表 ………………………………………………… 205
　　　任务 5　基于时间的访问控制列表 ………………………………………… 208
　　　任务 6　访问控制列表流量记录 …………………………………………… 209

第 4 部分　综　　合

项目 17　网络地址转换　　　/213

　　　任务 1　静态网络地址转换 ………………………………………………… 213
　　　任务 2　动态网络地址转换 ………………………………………………… 217
　　　任务 3　端口地址转换 ……………………………………………………… 219
　　　任务 4　静态端口映射 ……………………………………………………… 221

项目 18　基于 IP 协议的语音通信　　　/225

　　　任务　基于 IP 协议的语音通信的实现 …………………………………… 225

项目 19　无线网络　　　/233

　　　任务　无线网络的接入 ……………………………………………………… 233

项目 20　交换网络的三级结构　　　/244

　　　　任务　交换网络的三级结构的配置…………………………………………… 244

附录　常见错误提示信息　　/253

参考文献　　　/254

第1部分

基础环境

第１部分

基础知识

项目 1

网络互联模拟环境的构建

Project 1

项目说明

网络互联模拟环境的构建主要是通过网络设备模拟软件来实现。网络设备模拟软件是通过虚拟各种设备,并利用这些虚拟的设备进行联网和配置,用于验证或者解决网络问题的软件。网络设备模拟软件既有网络设备厂商出品的,如 Cisco Packet Tracer、SIMWARE 等;也有第三方出品的,如 GNS、Boson NetSim 等。

本项目重点学习 Cisco(思科)公司出品的网络设备模拟软件 Cisco Packet Tracer 的安装和基本使用方法。通过本项目的学习,读者将获得以下三个方面的成果。

(1) 安装 Cisco Packet Tracer。
(2) 应用 Cisco Packet Tracer 搭建网络。
(3) 管理 Cisco Packet Tracer 中的设备。

任务 1 安装 Cisco Packet Tracer

1.1.1 任务描述

Cisco Packet Tracer 是一个非常适合网络互联学习的网络设备模拟软件,具有界面直观、操作简单、容易上手等特点。如果要使用 Cisco Packet Tracer 来搭建网络互联模拟环境,首先要安装 Cisco Packet Tracer。

1.1.2 任务要求

(1) 准备 Cisco Packet Tracer 的安装文件。
(2) 掌握 Cisco Packet Tracer 的安装操作。
(3) 了解 Cisco Packet Tracer 的界面语言的更改操作。

1.1.3 任务步骤

1. 安装 Cisco Packet Tracer

步骤 1:双击 Cisco Packet Tracer 安装软件,进入安装向导界面,如图 1-1 所示。

图 1-1　安装向导界面

步骤 2：单击 Next 按钮，进入软件许可协议界面。然后选择 I accept the agreement，如图 1-2 所示。

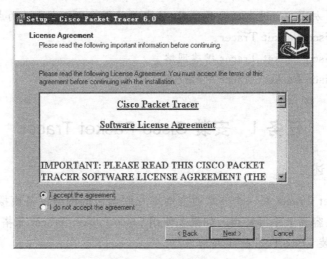

图 1-2　软件许可协议

步骤 3：单击 Next 按钮，进入选择软件安装目标位置界面，如图 1-3 所示。
步骤 4：单击 Next 按钮，进入选择开始菜单文件夹界面，如图 1-4 所示。
步骤 5：单击 Next 按钮，进入选择附加任务界面，选择是否添加桌面图标和快速启动栏图标，如图 1-5 所示。
步骤 6：单击 Next 按钮，进入准备安装界面，如图 1-6 所示。这里列出前面步骤的所有设置。如果需要修改某个步骤的设置，返回该步骤进行修改。
步骤 7：单击 Install 按钮，进行安装。安装完成后，提示如果要令 PTSBA 使用当前版本的 Packet Tracer，需要关闭所有 Web 浏览器或者重启计算机，如图 1-7 所示。
步骤 8：安装完成后，选择是否启动 Cisco Packet Tracer，如图 1-8 所示。

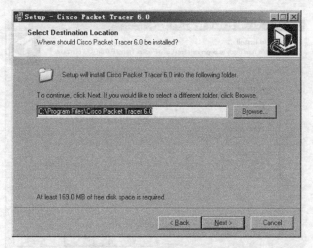

图 1-3　软件安装目标位置

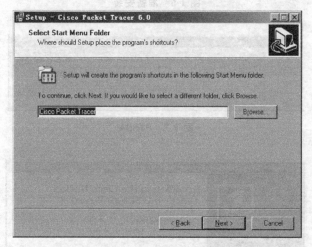

图 1-4　开始菜单文件夹

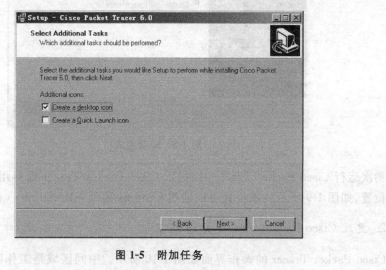

图 1-5　附加任务

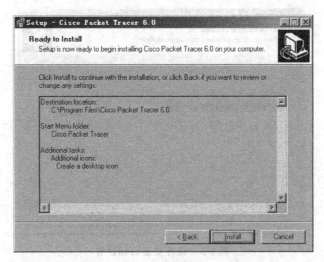

图 1-6　准备安装

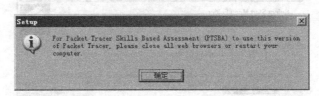

图 1-7　PTSBA

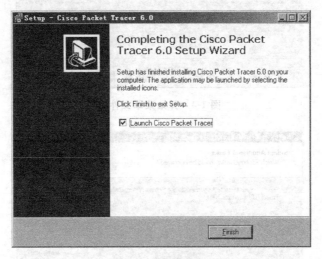

图 1-8　安装完成

初次运行 Cisco Packet Tracer 时，提示 Cisco Packet Tracer 保存用户文件的默认文件夹位置，如图 1-9 所示。该位置可以通过 Options 菜单→Preferences 命令修改。

2. 更改 Cisco Packet Tracer 界面语言

Cisco Packet Tracer 的操作界面如图 1-10 所示。中间区域是工作区，工作区上方是

图 1-9 保存用户文件的默认文件夹位置

菜单栏和工具栏,工作区下方是设备类型区、设备型号区和数据包分析区,工作区右方是通用工具栏。

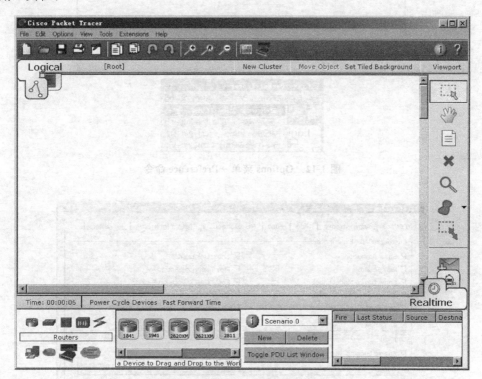

图 1-10 Cisco Packet Tracer 界面

Cisco Packet Tracer 的默认界面语言是英文。可以通过添加语言包更改界面语言。

步骤 1:下载 Cisco Packet Tracer 的语言包文件(文件扩展名为 ptl),并保存到 Cisco Packet Tracer 安装文件夹中的 languages 文件夹,如图 1-11 所示。

步骤 2:选择 Cisco Packet Tracer 的 Option 菜单→Preference 命令,如图 1-12 所示。

在打开的 Preferences 对话框的 Languages 列表框中选择相应的语言文件,再单击 Change Language 按钮,如图 1-13 所示。

最后重启 Cisco Packet Tracer,完成界面语言的更改,如图 1-14 所示。

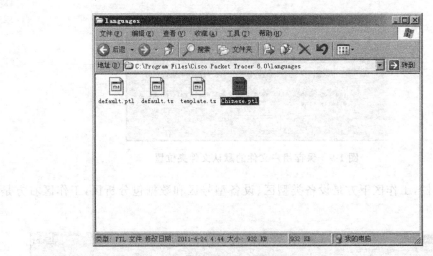

图 1-11 语言包文件

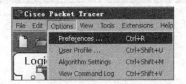

图 1-12 Options 菜单→Preference 命令

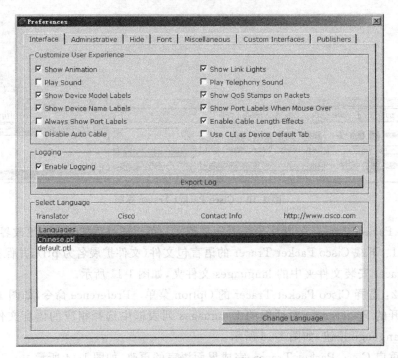

图 1-13 Preferences 对话框

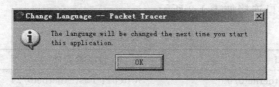

图 1-14　Change Language

1.1.4　任务小结

(1) Cisco Packet Tracer 的安装过程与大部分应用软件类似。

(2) Cisco Packet Tracer 对系统的软、硬件要求不高,在大部分计算机中均可安装。

任务 2　应用 Cisco Packet Tracer 搭建网络

1.2.1　任务描述

在 Cisco Packet Tracer 中进行网络互联实验,首先要搭建用于实验的网络。本任务重点学习在 Cisco Packet Tracer 中添加和删除设备,并使用线缆连接设备的接口。

1.2.2　任务要求

(1) 任务的拓扑结构如图 1-15 所示。

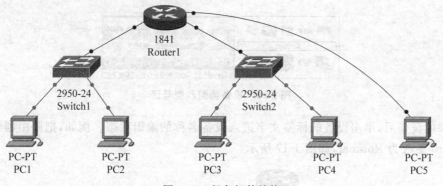

图 1-15　任务拓扑结构

(2) 任务所需设备的类型、型号、数量和名称如表 1-1 所示。

表 1-1　设备类型、型号、数量和名称

类　型	型　号	数　量	设备名称
路由器	1841	1	Router1
二层交换机	2950-24	2	Switch1,Switch2
计算机	PC-PT	5	PC1,PC2,PC3,PC4,PC5

（3）各设备的接口连接如表1-2所示。

表1-2 设备接口连接

设备接口1	设备接口2	线缆类型
Router1：FastEthernet0/0	Switch1：FastEthernet0/24	直通线
Router1：FastEthernet0/1	Switch2：FastEthernet0/24	直通线
Switch1：FastEthernet0/1	PC1：FastEthernet0	直通线
Switch1：FastEthernet0/2	PC2：FastEthernet0	直通线
Switch2：FastEthernet0/1	PC3：FastEthernet0	直通线
Switch2：FastEthernet0/2	PC4：FastEthernet0	直通线
Router1：Console	PC5：RS 232	控制线

1.2.3 任务步骤

步骤1：添加网络设备。

Cisco Packet Tracer支持的设备类型有Router（路由器）、Switch（交换机）、Hub（集线器）、Wireless Device（无线设备）、Connection（连接线缆）、End Device（端点设备）、WAN Emulation（广域网仿真）、Custom Made Device（自定义设备）等。

在操作过程中，首先在设备类型区找到要添加的设备类型，然后从设备型号区找到要添加的设备型号，最后将设备型号对应的图标拖动到工作区，就完成了添加设备的操作，如图1-16所示。

图1-16 设备类型和型号区

添加设备后，单击设备的标签文字进入设备名称的编辑状态。例如，把路由器的名称Router0更改为Router1，如图1-17所示。

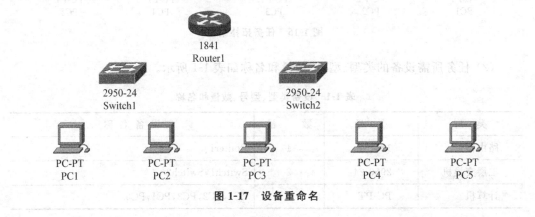

图1-17 设备重命名

步骤2：线缆的连接。

在 Cisco Packet Tracer 中，不同的设备、不同的接口之间连接使用的线缆要求与真实环境类似，必须使用正确的线缆，否则不能连接。

线缆类型如图 1-18 所示，依次为 Automatically Choose Connection Type（自动选择类型）、Console（控制线）、Copper Straight-through（双绞线—直通线）、Copper Cross-over（双绞线—交叉线）、Fiber（光纤）、Phone（电话线）、Coaxial（同轴电缆）、Serial DCE and DTE（串行 DCE/DTE 线）、Octal（CAB-OCTAL-ASYNC 线）。线缆类型和作用如表 1-3 所示。

图 1-18　线缆类型

表 1-3　线缆类型和作用

线 缆 类 型	线 缆 作 用
Automatically Choose Connection Type	自动选线，可通用，一般不建议使用，除非真的不知道设备之间该用什么线
Console	用来连接计算机的 COM 口和网络设备的 Console 口
Copper Straight-through	使用双绞线两端采用同一种线序标准制作的网线，一般用来连接不同的网络设备的以太网口，如计算机与交换机、交换机与交换机、交换机与路由器的以太网相连
Copper Cross-over	使用双绞线两端采用不同线序标准制作的网线，一般用来连接相同或相似的网络设备的以太网口，如计算机与计算机、计算机与路由器、路由器与路由器的以太网相连
Fiber	即光导纤维，是软而细的、利用内部全反射原理来传导光束的传输介质。用于连接光纤设备，如交换机的光纤模块
Phone	电话线只能用于连接设备之间的 modem 口。标准的 modem 连接应用是端点设备（如 PC）拨号连接到一个网络
Coaxial	同轴电缆用于连接同轴电缆口，如一个线缆调制解调器连接到一个 Cisco Packet Tracer 云
Serial DCE and DTE	用于路由器广域网接入。在实际应用当中，需要把串行 DCE 线和一台路由器相连，串行 DTE 线和另一台设备相连。但是在 Cisco Packet Tracer 中，只需任选串行 DCE 线或者串行 DTE 线。若选择串行 DCE 线，和线缆先连的路由器的串行接口为 DCE 端，需要配置该串行接口的时钟速率。若选择串行 DTE 线，和线缆后连的路由器的串行接口为 DCE 端，需要配置该串行接口的时钟速率
Octal	CAB-OCTAL-ASYNC 线俗称八爪线，是一条一端具有 8 个 RJ-45 连接器的异步线缆，用于提供高密度的控制连接

步骤3：连接设备。

添加设备后，选择相应的线缆，然后分别在要连接的网络设备上单击一下，图 1-19 所示为 Switch1 与 PC1 连接。最终效果如任务拓扑结构图所示。

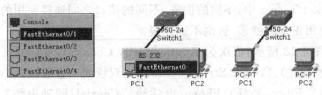

图 1-19 连接设备

连接线缆后，线缆两端有两个链路灯分别表示不同的链路状态，如表 1-4 所示。

表 1-4 链路灯状态含义

链路灯状态	含 义
明亮绿色	物理链路已经启用，但是不表示链路的协议状态
闪烁绿色	链路是活动的
红色	物理链路未启用，未检测到任何信号
琥珀色	接口因为 STP 协议而处于阻塞状态。这种情况只出现在交换机
黑色	仅用于控制线连接。黑色表示控制线已经连接到正确的接口

步骤 4：连接线缆检查。

连接线缆后，使用以下方法检查接口是否连接正确：将鼠标移到对应的连接线路上，可以看到线缆两端所连接的接口类型和名称，如图 1-20 所示。

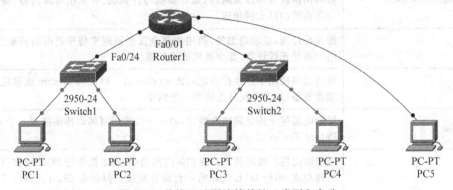

图 1-20 线缆两端所连接的接口类型和名称

1.2.4 任务小结

（1）添加设备时，应该注意选择正确的设备类型和型号。

（2）不同设备、不同类型的接口连接使用的线缆各不相同，因此在连接时要选择正确的线缆。

（3）连接线缆时，要根据要求正确地连接各个网络设备的接口。

1.2.5 任务扩展

1. 通用工具栏的使用

使用通用工具栏,可以对工作区进行编辑。通用工具栏中各图标的作用如表 1-5 所示。

表 1-5 通用工具栏各图标作用

图标	作用	快捷键
Select 选择	选择一个或多个对象,可以移动所选对象的位置	Esc
Move Layout 移动布局	相当于移动工作区的滚动条。当网络拓扑比较大时,可以使用它完成移动查看	M
Place Note 添加注释	在工作区添加注释	N
Delete 删除	删除一个或多个设备、线缆、注释等	Del
Inspect 查看	查看设备的各种表,如路由表等	I
Draw 绘制图形	绘制线条、椭圆、矩形和多边形	—
Resize Shape 调整形状	调整绘制的图形的形状	Alt + R
Add Simple PDU 增加简单协议数据单元	增加简单协议数据单元	P
Add Complex PDU 增加复杂协议数据单元	增加复杂协议数据单元	C

2. 鼠标的操作方法

鼠标操作分为单(点)击、拖动、框选。

单击任何一个设备,将打开该设备的管理界面。

拖动任何一个设备,可以重新调整设备在工作区中的位置。

框选可以选中多个设备;结合拖动,可以同时移动多个选中的设备,从而调整设备的位置。

任务 3 管理 Cisco Packet Tracer 中的设备

1.3.1 任务描述

在实验前,除了搭建网络拓扑结构,还需要对设备进行一些相关的配置,如添加和删除模块、设置 IP 配置等。本任务重点学习在 Cisco Packet Tracer 软件中设备的基本管理,任务的拓扑结构与任务 2 一致。

1.3.2 任务要求

（1）了解设备的管理界面。
（2）了解设备的基本管理。

1.3.3 任务步骤

1. 管理计算机

单击计算机图标,打开计算机管理界面,其中有4个选项卡,分别是Physical(物理)、Config(配置)、Desktop(桌面)和Software/Services(软件/服务)。

Physical选项卡用于添加和删除模块,如图1-21所示。左边是可用于计算机的各种模块,下边是对各个模块的介绍和实物图,中间是计算机的物理备视图。大部分模块在添加和删除前,必须关闭计算机电源。

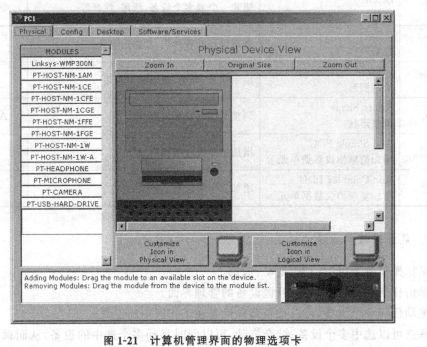

图1-21 计算机管理界面的物理选项卡

Config选项卡用于修改计算机的名称,配置网关/DNS服务器、网络接口和防火墙等,如图1-22所示。

Desktop选项卡类似于计算机操作系统的图形界面,如图1-23所示。各图标的功能如表1-6所示。

2. 管理网络设备

网络设备中的交换机和路由器的管理界面类似。这里以路由器为例来介绍。单击路由器图标,打开路由器的管理界面。

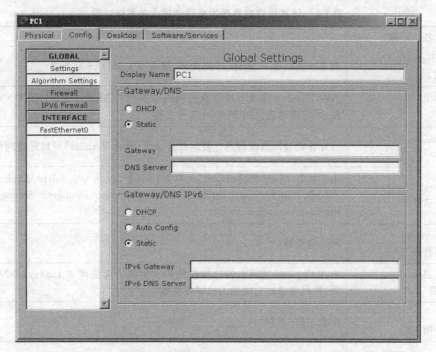

图 1-22　计算机管理界面的配置选项卡

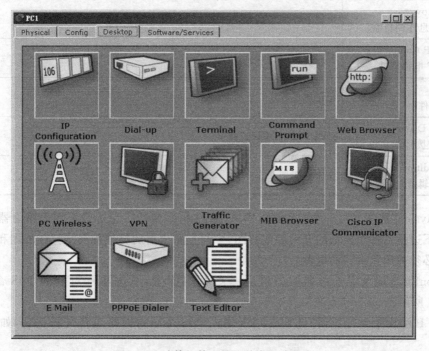

图 1-23　计算机管理界面的桌面选项卡

表 1-6 计算机管理界面的桌面选项卡各图标功能

名 称	功 能
IP Configuration IP 配置	配置计算机的 IP 地址、子网掩码、默认网关和 DNS 服务器
Dial-up 拨号	当在 Physical 选项卡将计算机的网卡更换为 Modem PT-HOST-NM-1AM 后,可以通过它使用 Modem 拨号上网
Terminal 终端	当计算机与网络设备通过控制线连接时,通过 Terminal 可以配置网络设备
Command Prompt 命令提示符	用于执行 Cisco Packet Tracer 自带的命令,包括 arp、delete、dir、ftp、help、ipconfig、ipv6config、netstat、nslookup、ping、snmpget、Snmpgetbulk、snmpset、ssh、telnet、tracert
Web Browser 网页浏览器	网页浏览器
PC Wireless PC 无线	当在 Physical 选项卡将计算机的网卡更换为无线网卡 Linksys-WMP300N 后,就可以通过它配置无线网络参数
VPN 虚拟专用网络	配置 VPN 连接
Traffic Generator 流量生成器	设置发送协议数据单元 PDU
MIB Brower 管理信息库浏览器	浏览管理信息数据库
Cisco IP Communicator 思科 IP 电话软件	拨打或接听 IP 电话
E-mail 电子邮件	电子邮件程序
PPPoE Dialer PPPoE 拨号器	使用 PPPoE 协议连接
Text Editor 文本编辑器	文本编辑器

Physical 选项卡用于添加和删除模块,如图 1-24 所示。左边是可用于路由器的各种模块,下边是对各个模块的介绍和实物图,中间是路由器的物理备视图。在添加和删除模块前,必须关闭路由器的电源。

Config 选项卡用于对路由器进行一些基本配置,下边显示对应的 IOS 命令,如图 1-25 所示。

CLI(IOS 命令行界面)选项卡用于输入 IOS 命令对网络设备进行配置,如图 1-26 所示。

1.3.4 任务小结

在 Cisco Packet Tracer 中,通过设备的管理界面,可以对设备进行管理和配置。

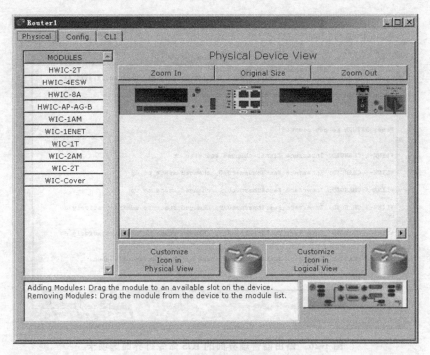

图 1-24 路由器管理界面的物理选项卡

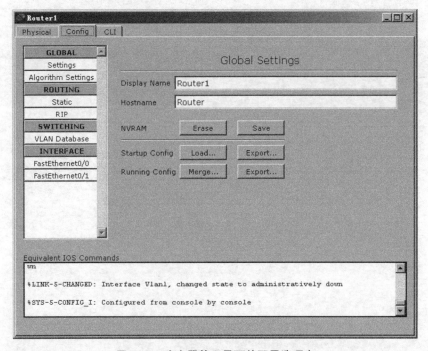

图 1-25 路由器管理界面的配置选项卡

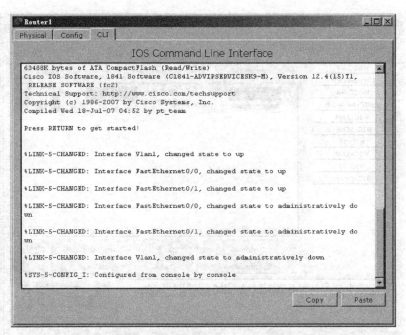

图 1-26 路由器管理界面的 IOS 命令行界面选项卡

第2部分

交 换 机

第2部分

交換机

项目 2 交换机的配置模式和管理方式

Project 2

项目说明

交换机是一种拥有很高带宽的网络设备。交换机收到数据包后，查找 MAC 地址表，以确定目的 MAC 地址的节点连接在哪个接口上，然后将数据包转发到该接口。交换机一般分为二层交换机（工作在数据链路层）和三层交换机（工作在网络层）。三层交换机在二层交换机的基础上加入了路由功能，可以根据 IP 地址和路由表转发数据包。本项目重点学习交换机的配置模式与管理方式。通过本项目的学习，读者将获得以下四个方面的成果。

(1) 交换机的配置模式。
(2) 交换机的管理方式。
(3) 交换机的基本配置命令。
(4) 命令行界面使用技巧。

任务 1 交换机的配置模式

2.1.1 任务描述

交换机的配置模式包括用户模式、特权模式、全局模式、接口模式和 VLAN 配置模式等。掌握好交换机的配置模式，是学习配置交换机的基础。图 2-1 所示是交换机的配置模式及配置模式的切换命令。

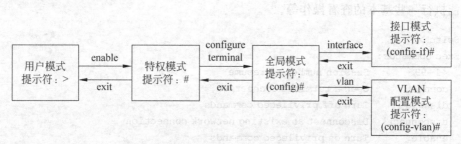

图 2-1 交换机的配置模式

2.1.2 任务要求

(1) 任务的拓扑结构如图 2-2 所示。

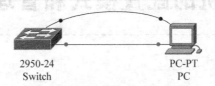

图 2-2 任务拓扑结构

(2) 任务所需的设备类型、型号、数量等如表 2-1 所示。

表 2-1 设备类型、型号、数量和名称

类 型	型 号	数 量	设备名称
二层交换机	2950-24	1	Switch
计算机	PC-PT	1	PC

(3) 各设备的接口连接如表 2-2 所示。

表 2-2 设备接口连接

设备接口 1	设备接口 2	线缆类型
Switch：FastEthernet0/1	PC：FastEthernet0	直通线
Switch：Console	PC：RS-232	控制线

(4) 掌握交换机的配置模式及配置模式的切换命令。

(5) 了解各种配置模式下的命令。

2.1.3 任务步骤

步骤 1：用户模式。

按拓扑结构图连接好设备后，单击交换机图标，打开交换机的管理界面。切换到 CLI 选项卡，如图 2-3 所示。按一下键盘上的 Enter 键，进入交换机的用户模式。

该模式下的命令提示符为">"。输入命令"?"，显示该模式下的所有命令。在用户模式下只能执行一些基本的查看操作等。

```
Switch>?
Exec commands:
  <1-99>       Session number to resume
  connect      Open a terminal connection
  disable      Turn off privileged commands
  disconnect   Disconnect an existing network connection
  enable       Turn on privileged commands
  exit         Exit from the EXEC
  logout       Exit from the EXEC
  ping         Send echo messages
```

```
  resume      Resume an active network connection
  show        Show running system information
  telnet      Open a telnet connection
  terminal    Set terminal line parameters
  traceroute  Trace route to destination
Switch>
```

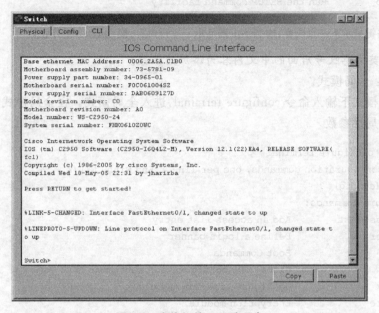

图 2-3 交换机的 CLI 选项卡

步骤 2：特权模式。

在用户模式下输入命令 enable，进入特权模式。特权模式的命令提示符为"#"。在特权模式下，可管理交换机的配置文件，查看交换机的配置信息，进行网络测试等。

```
Switch> enable
Switch# ?
Exec commands:
  <1-99>      Session number to resume
  clear       Reset functions
  clock       Manage the system clock
  configure   Enter configuration mode
  connect     Open a terminal connection
  copy        Copy from one file to another
  debug       Debugging functions (see also 'undebug')
  delete      Delete a file
  dir         List files on a filesystem
  disable     Turn off privileged commands
  disconnect  Disconnect an existing network connection
  enable      Turn on privileged commands
  erase       Erase a filesystem
  exit        Exit from the EXEC
```

```
logout         Exit from the EXEC
more           Display the contents of a file
no             Disable debugging informations
ping           Send echo messages
reload         Halt and perform a cold restart
resume         Resume an active network connection
setup          Run the SETUP command facility
--More--
```
!按空格键显示下一页内容,按 Enter 键显示下一行内容,按 Ctrl+C 键停止显示

提示:英文感叹号后面的中文内容为添加的注释。

步骤 3:全局模式。

在特权模式下输入命令 configure terminal,进入全局模式。在全局模式下可以配置交换机的全局性参数。

```
Switch# configure terminal
Enter configuration commands, one per line.  End with CNTL/Z.
Switch(config)#?
Configure commands:
    access-list        Add an access list entry
    banner             Define a login banner
    boot               Boot Commands
    cdp                Global CDP configuration subcommands
    clock              Configure time-of-day clock
    crypto             Encryption module
    do                 To run exec commands in config mode
    enable             Modify enable password parameters
    end                Exit from configure mode
    exit               Exit from configure mode
    hostname           Set system's network name
    interface          Select an interface to configure
    ip                 Global IP configuration subcommands
    line               Configure a terminal line
    logging            Modify message logging facilities
    mac                MAC configuration
    mac-address-table  Configure the MAC address table
    no                 Negate a command or set its defaults
    port-channel       EtherChannel configuration
    privilege          Command privilege parameters
    service            Modify use of network based services
--More--
```

步骤 4:接口模式。

交换机拥有许多接口。在全局模式下输入命令"interface+接口类型+接口编号",进入某个接口的接口模式。在接口模式下,可以配置交换机接口。

```
Switch(config)# interface fastethernet 0/1
!进入快速以太网第 0 模块第 1 接口的接口模式
```

```
Switch(config-if)#?
  cdp                  Global CDP configuration subcommands
  channel-group        Etherchannel/port bundling configuration
  channel-protocol     Select the channel protocol (LACP, PAgP)
  description          Interface specific description
  duplex               Configure duplex operation
  exit                 Exit from interface configuration mode
  mac-address          Manually set interface MAC address
  mls                  mls interface commands
  no                   Negate a command or set its defaults
  shutdown             Shutdown the selected interface
  spanning-tree        Spanning Tree Subsystem
  speed                Configure speed operation
  storm-control        storm configuration
  switchport           Set switching mode characteristics
  tx-ring-limit        Configure PA level transmit ring limit
Switch(config-if)#
```

步骤5：配置模式之间的切换。

交换机各配置模式之间可通过上述命令以及命令 exit 和 end 进行切换。

```
Switch(config-if)#exit
!返回到上一级配置模式,即从接口模式返回到全局模式
Switch(config)#interface fastethernet 0/1
!重新进入接口模式
Switch(config-if)#end
!直接返回到特权模式,快捷键 Ctrl+Z 的作用等同于命令 end
Switch#
```

2.1.4　任务小结

(1) 交换机的各个配置模式之间有层次关系，每一个模式下均有许多不同的命令，用于完成不同的管理和配置。

(2) 命令 exit 用于返回上一级配置模式。

(3) 命令 end 和快捷键 Ctrl+Z 用于直接从除了用户模式和特权模式之外的其他配置模式返回特权模式。

任务2　交换机的管理方式

2.2.1　任务描述

交换机的管理方式有两种：带外管理和带内管理。

带外管理(Out-Band Management)是不占用网络带宽的管理方式。

(1) 通过控制线连接交换机的控制口(Console)和计算机的串口(COM、RS-232)，通过计算机的终端软件连接到交换机。

(2) 通过 AUX 端口远程连接。该端口一般只有路由器才有。

带外管理方式无需对交换机进行任何配置就可以连接,但是控制线长度一般在 2 米左右,无法实现远程管理。

带内管理(In-Band Management)是占用网络带宽的管理方式,用双绞线连接交换机的以太网接口和计算机的以太网接口。

(1) 通过 Telnet 命令行方式远程连接,用户名和密码等信息不加密传输。
(2) 通过 SSH 命令行方式远程连接,用户名和密码等信息加密传输。
(3) 通过 Web 图形界面方式远程连接。
(4) 通过网络设备厂商提供的管理软件连接。

带内管理方式一般需要对交换机设置后才可以连接,但双绞线长度可达 100 米,方便远程管理,而且允许多位用户同时登录和管理。

Cisco Packet Tracer 除了支持带外管理和带内管理外,也可以在交换机管理界面的 CLI 选项卡中进行管理。

2.2.2 任务要求

(1) 本任务的拓扑结构等均与任务 1 一致。
(2) 通过计算机的终端软件连接到交换机。
(3) 根据表 2-3 所示设置交换机。

表 2-3 交换机设置项目

项 目	内 容	项 目	内 容
名称	2950-24	子网掩码	255.255.255.0
系统时间	当前时间	默认网关	192.168.0.1
特权模式密码	123456	远程登录 Telnet 密码	654321
IP 地址	192.168.0.1		

(4) 通过计算机的远程登录命令 Telnet 连接到交换机。

2.2.3 任务步骤

步骤 1:通过计算机的终端软件连接到交换机。

单击计算机图标,打开计算机的管理界面。然后,切换到 Desktop 选项卡,如图 2-4 所示,再单击 Terminal(终端)图标,打开 Terminal Configuration(终端配置)对话框,并按表 2-4 所示配置终端。

表 2-4 终端软件参数设置

项 目	内 容	项 目	内 容
Bits Per Second 每秒位数	9600	Stop Bits 停止位	1
Data Bits 数据位	8	Flow Control 数据流控制	None 无
Parity 奇偶校验	None 无		

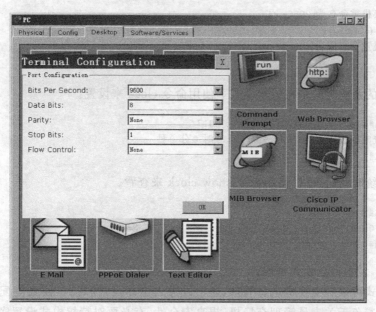

图 2-4 终端软件参数设置

单击 OK 按钮,连接到交换机。终端软件界面(如图 2-5 所示)的操作方式与交换机管理界面的 CLI 选项卡操作方式是一样的。

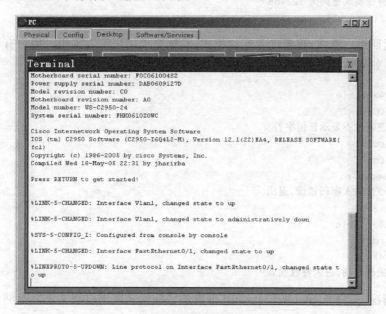

图 2-5 终端软件界面

步骤 2:重命名交换机。

交换机的重命名在全局模式下使用命令 hostname 完成。

```
Switch(config)#hostname 2950-24
```

```
! 将交换机重命名为 2950-24
2950-24(config)#
! 交换机重命名成功
```

步骤 3：设置系统时间。

交换机的系统时间是在特权模式下使用命令 clock 来设置。

```
2950-24# clock set 09:00:00 01 sep 2013
! 将系统时间设置为 2013 年 9 月 1 日 9 时 0 分 0 秒
2950-24#
```

设置系统时间后，可以使用命令 show clock 来查看。

```
2950-24# show clock
*9:0:3.0 UTC Sun Sep 1 2013
2950-24#
```

步骤 4：设置特权模式密码。

特权模式可以对交换机进行管理，还可以进入全局模式和接口模式等配置模式进行管理。为了避免无关人员管理交换机，提高安全性，有必要对特权模式设置密码。

交换机的特权模式密码是在全局模式下使用命令 enable password / secret 设置的。

```
2950-24(config)# enable password 123456
! 设置特权模式密码为 123456
2950-24(config)#
```

如果返回用户模式，重新进入特权模式，系统要求用户输入密码。用户有 3 次输入密码的机会。如果输入正确，进入特权模式；否则，退出。

```
2950-24>enable
Password:
! 输入密码时不显示任何字符
Password:
Password:
% Bad secrets
! 连续 3 次输入密码错误，退出

2950-24>enable
Password:
2950-24#
! 输入密码正确，进入特权模式
```

默认情况下，命令 enable password 设置的特权模式密码以明文形式存储。在特权模式下使用命令 show running-config 即可查看。

```
2950-24# show running-config
Building configuration...

Current configuration : 997 bytes
!
```

```
version 12.1
no service timestamps log datetime msec
no service timestamps debug datetime msec
no service password-encryption
!
hostname 2950-24
!
enable password 123456
!以明文形式存储的密码
...
2950-24#
```

为了避免出现这种情况，可以对密码加密，即以密文形式存储密码。将密码存储为密文形式是在用命令 enable password 设置特权模式密码后，再使用命令 service password-encryption 加密。

```
2950-24(config)# enable password 123456
2950-24(config)# service password-encryption
!将密码存储为密文形式
2950-24(config)#
```

再次使用命令 show running-config 查看。

```
2950-24# show running-config
Building configuration...

Current configuration : 1004 bytes
!
version 12.1
no service timestamps log datetime msec
no service timestamps debug datetime msec
service password-encryption
!
hostname 2950-24
!
enable password 7 08701E1D5D4C53
!以密文形式存储的密码
...
2950-24#
```

步骤5：设置 IP 地址、子网掩码及默认网关。

带内管理需要通过 IP 地址连接到交换机。交换机在默认情况下都有一个名为 Vlan1 的 VLAN。该 VLAN 是交换机的管理接口，其 IP 地址也是交换机的 IP 地址。

交换机的 IP 地址和子网掩码是在接口模式下使用命令 ip address 设置的；默认网关是在全局模式下使用命令 ip default-gateway 设置的。

```
2950-24(config)# interface vlan 1
!进入 Vlan1 的接口模式
2950-24(config-if)# ip address 192.168.0.1 255.255.255.0
```

```
！设置 Vlan1 的 IP 地址和子网掩码
2950-24(config-if)#no shutdown
！启用 Vlan1

2950-24(config-if)#
%LINK-5-CHANGED: Interface Vlan1, changed state to up

%LINEPROTO-5-UPDOWN: Line protocol on Interface Vlan1, changed state to up

2950-24(config-if)#exit
2950-24(config)#ip default-gateway 192.168.0.1
！设置交换机默认网关
2950-24(config)#
```

步骤 6：设置远程登录。

交换机的远程登录是在全局模式下使用命令 line 进入线路配置模式设置的。

```
2950-24(config)# line vty 0 4
！进入 0 至 4 号虚拟终端线路的线路配置模式
2950-24(config-line)#password 654321
！设置终端登录密码为 654321
2950-24(config-line)#login
！启用密码检测
2950-24(config-line)#exit
2950-24(config)#
```

步骤 7：保存配置。

交换机的存储介质包括 BootROM、Flash、NVRAM 和 SDRAM，如表 2-5 所示。

表 2-5 交换机的存储介质

存储介质	类型	类似于计算机	存储内容	重启或断电是否丢失
BootROM	启动只读存储器	BIOS 芯片	基本启动文件（*.rom）	否
Flash	闪存	磁盘的系统分区	操作系统文件（*.bin）	否
NVRAM	非易失性随机访问存储器	磁盘的用户数据分区	启动配置文件（startup-config）	否
SDRAM	同步动态随机存储器	内存	运行配置文件（running-config）	是

当对交换机进行了上述步骤的设置后，所有的配置信息都存储在交换机的运行配置文件中。交换机重启或断电后，运行配置文件丢失，导致交换机恢复为出厂设置。如果要避免发生这种情况，必须在设置完成后执行保存操作，将运行配置文件保存到启动配置文件。

要将运行配置文件保存到启动配置文件，在特权模式下执行命令 write。

```
2950-24#write
```

```
Building configuration...
[OK]           !保存成功
    2950-24#
```

交换机的启动过程如图 2-6 所示。

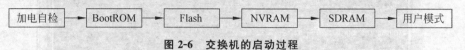

图 2-6　交换机的启动过程

步骤 8：计算机与交换机的连通性测试。

打开计算机的管理界面，切换到 Desktop 选项卡；然后单击 IP configuration 图标，选择 Static(静态)；再根据表 2-6 所示设置计算机的 IP 配置，如图 2-7 所示。

表 2-6　计算机的 IP 配置

项　目	内　容	项　目	内　容
IP Address(IP 地址)	192.168.0.11	Default Gateway(默认网关)	192.168.0.1
Subnet Mask(子网掩码)	255.255.255.0		

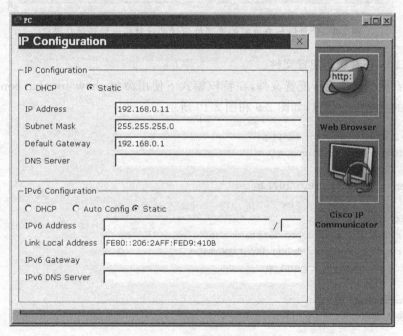

图 2-7　计算机的 IP 配置

回到 Desktop 选项卡，然后单击 Command Prompt(命令提示符)图标，并输入命令：ping 192.168.0.1。如图 2-8 所示即计算机和交换机是连通的。

步骤 9：远程登录。

在 Command Prompt 输入命令 telnet 192.168.0.1，如图 2-8 所示，表示计算机已经远程登录到交换机。在该界面中，能够像 CLI 界面和终端软件界面一样配置交换机，而且允许多位用户同时登录和管理。

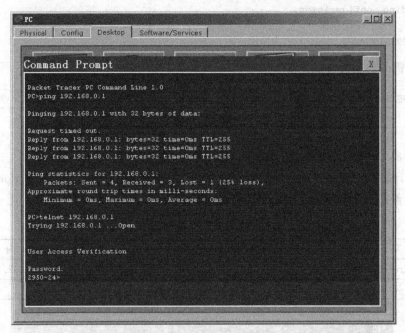

图 2-8　计算机与交换机的连通性测试和计算机远程登录交换机

步骤 10：查看运行配置文件。

要查看交换机的运行配置文件，在特权模式下使用命令 show running-config。以下是本任务的所有配置信息，如图 2-9 和图 2-10 所示。

```
2950-24# show running-config
Building configuration...

Current configuration : 1077 bytes
!
version 12.1
no service timestamps log datetime msec
no service timestamps debug datetime msec
service password-encryption
!
hostname 2950-24
!交换机名称
!
enable password 7 08701E1D5D4C53
!以密文形式存储的密码
!
!
spanning-tree mode pvst
!
interface FastEthernet0/1
!以太网接口 0/1~0/24 的配置信息，以下省略
!
```

```
...
!
interface FastEthernet0/24
!
interface Vlan1
  ip address 192.168.0.1 255.255.255.0
! Vlan1 的 IP 地址和子网掩码
!
ip default-gateway 192.168.0.1
! 默认网关
!
!
line con 0
!
line vty 0 4
  password 7 0877191A5A4B54
! 远程登录密码
  login
line vty 5 15
  login
!
!
end


2950-24#
```

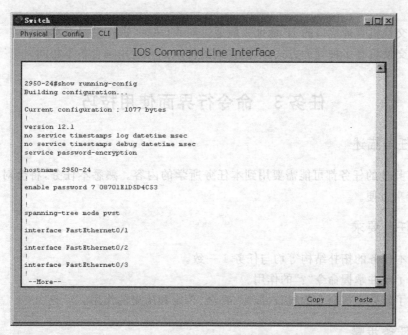

图 2-9 交换机运行配置文件(1)

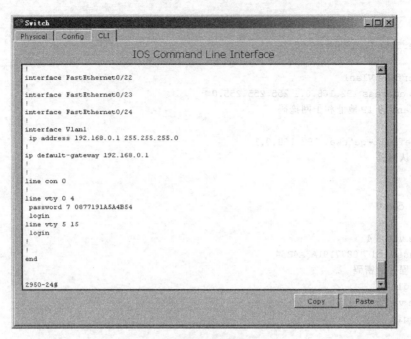

图 2-10　交换机运行配置文件(2)

2.2.4　任务小结

（1）交换机的特权模式密码分为明文和密文两种保存方式。密文保存方式更加安全。

（2）交换机管理接口的 IP 地址一般通过对 VLAN1 进行设置而实现。

（3）交换机有多种管理方式，不同方式的优缺点和适用场合各不相同。

任务 3　命令行界面使用技巧

2.3.1　任务描述

所有其他的任务都可能需要用到本任务所学的内容。熟悉本任务，将会对其他任务的操作带来方便。

2.3.2　任务要求

（1）本任务的拓扑结构等均与任务 1 一致。

（2）了解并掌握命令"?"的作用。

（3）了解并掌握命令的检查、简写、补全、否定和历史的作用。

2.3.3　任务步骤

步骤 1：命令"?"的作用，如图 2-11 所示。

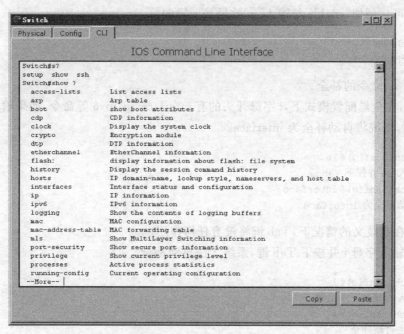

图 2-11 命令"?"的作用

(1) 显示该模式下的所有命令：直接输入"?"。

```
Switch>?
Exec commands:
  <1-99>      Session number to resume
  connect     Open a terminal connection
...
!省略部分内容
  traceroute  Trace route to destination
Switch>
```

(2) 显示所有以"x"开头的命令（"x"指代任意字母或字母组合，下同）：输入"x?"。

```
Switch#s?
setup  show  ssh
Switch#
```

(3) 显示命令的参数：输入"x ?"。

```
Switch#show?
  access-lists      List access lists
...
!省略部分内容
  vtp               VTP information
Switch#
```

步骤 2：命令的简写。

为了方便记忆和便于输入，IOS 支持命令的简写输入，通常仅需输入配置命令的前几个字母即可。例如,enable 与输入 en 效果是一样的。

```
Switch>en
Switch#
```

步骤 3:命令的补全。

例如,在全局配置模式下,i 字母开头的有 interface、ip、ipv6 等命令,如果输入 in 并按下 Tab 键,系统将自动补全为 interface。

```
Switch(config)#in
!输入 in 并按下 Tab 键
Switch(config)#interface
!自动补全为 interface
```

IOS 在有歧义的情况下,Tab 键将没有任何作用。

如果输入字母 i 并按下 Tab 键,系统无法自动补全。

```
Switch(config)#i
!输入 i 并按下 Tab 键
Switch(config)#i
!无法自动补全
```

步骤 4:命令的否定。

命令的否定即撤销命令。IOS 的大部分命令的否定都采用在该命令前加命令关键字 no 的形式,如图 2-12 所示。

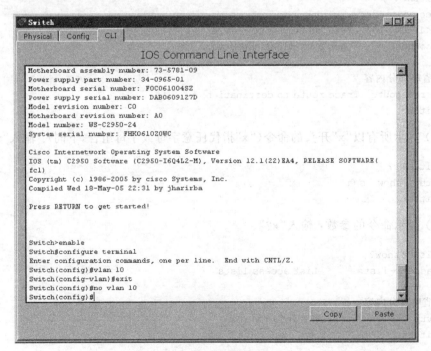

图 2-12 命令的否定

```
Switch(config)#vlan 10
！创建 VLAN10
Switch(config-vlan)#exit
Switch(config)#no vlan 10
！取消所创建的 VLAN10,即删除 VLAN10
Switch(config)#
```

步骤 5：命令的历史。

使用上、下光标键"↑""↓"选择输入过的命令，以节省时间。

步骤 6：命令的检查。

正确输入命令并执行后，IOS 一般没有提示信息。如果输入的命令或者参数有误，IOS 给出相应的提示，如图 2-13 所示。常见的错误提示如下所述。

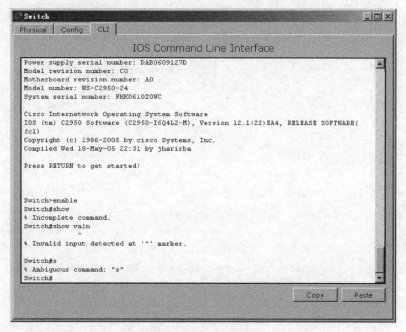

图 2-13 命令的检查

（1）输入的命令不完全，或者缺少参数。

```
Switch#show
% Incomplete command.
Switch#
```

（2）输入的命令错误或者参数错误。

```
Switch#show valn
            ^
% Invalid input detected at '^' marker.

Switch#
```

(3) 输入的命令或参数的简写对应至少两种全写。

```
Switch#s
% Ambiguous command: "s"
Switch#
```

2.3.4 任务小结

(1) 命令行界面的使用技巧包括：命令"?"的作用、命令的检查、简写、补全、否定和历史。

(2) 熟练掌握命令行界面的使用技巧，将给配置和管理交换机带来方便。

项目 3 交换机的安全配置

项目说明

交换机的配置事关整个网络能否正常运行。因此,为交换机进行管理安全配置能够避免无关人员配置交换机,也能够让网络管理员远程管理交换机。

为交换机设置特权模式密码,可避免无关人员配置交换机。但是,如果忘记特权模式密码,意味着无法修改交换机的任何配置。不过,如果物理上能够接触到交换机,便可以通过特定的方法来清除特权模式密码。

本项目重点学习交换机的管理安全配置和特权模式密码清除。通过本项目的学习,读者将获得以下两个方面的成果。

(1) 交换机的管理安全配置。
(2) 交换机的特权模式密码清除。

任务 1 交换机的管理安全配置

3.1.1 任务描述

交换机的管理安全配置包括 Console、Telnet 和 SSH 的管理安全配置。

3.1.2 任务要求

(1) 任务的拓扑结构如图 3-1 所示。

图 3-1 任务拓扑结构

(2) 任务所需的设备类型、型号、数量等如表 3-1 所示。
(3) 各设备的接口连接如表 3-2 所示。
(4) 各节点的 IP 配置如表 3-3 所示。
(5) 配置交换机的 Console、Telnet 和 SSH 等登录方式的管理安全。

表 3-1 设备类型、型号、数量和名称

类 型	型 号	数 量	设 备 名 称
二层交换机	2950-24	1	Switch
计算机	PC-PT	2	Local PC，Remote PC

表 3-2 设备接口连接

设备接口 1	设备接口 2	线 缆 类 型
Switch：Console	Local PC：RS-232	控制线
Switch：FastEthernet0/1	Remote PC：FastEthernet0	直通线

表 3-3 节点 IP 配置

节 点	IP 地址	默 认 网 关
Switch：VLAN1	192.168.0.1/24	
Remote PC：FastEthernet0	192.168.0.11/24	

3.1.3 任务步骤

步骤 1：在 Local PC 通过终端或者交换机的 CLI 界面对交换机进行基本配置。

```
Switch(config)#interface vlan 1
Switch(config-if)#ip address 192.168.0.1 255.255.255.0
Switch(config-if)#no shutdown
Switch(config-if)#exit
Switch(config)#
```

提示：从步骤 2 开始的每个步骤都独立于其他步骤。为减少各个步骤之间的干扰，建议完成步骤 1 后保存 PKT 文件。对于后续每个步骤，重新打开 PKT 文件后再操作。

步骤 2：配置 Console 管理的密码。

```
Switch(config)#line console 0
Switch(config-line)#password 123456
Switch(config-line)#login
Switch(config-line)#exit
Switch(config)#
```

执行以上步骤后，用户从交换机的 Console 登录时会提示先要输入密码，如图 3-2 所示。

步骤 3：配置 Console 管理的用户名和密码。

```
Switch(config)#username switchcon password 123456
!创建一个用户名为 switchcon,密码为 123456 的用户
Switch(config)#line console 0
Switch(config-line)#login local
Switch(config-line)#exit
Switch(config)#
```

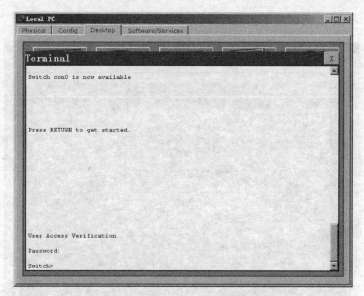

图 3-2 从 Console 登录时需要输入密码

执行以上步骤后,用户从交换机的 Console 登录时会提示先要输入用户名和密码,如图 3-3 所示。

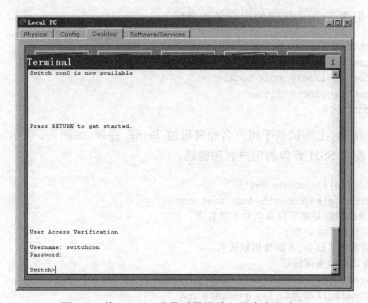

图 3-3 从 Console 登录时需要输入用户名和密码

步骤 4：配置 Telnet 管理的密码。

```
Switch(config)#line vty 0 4
Switch(config-line)#password 123456
Switch(config-line)#login
Switch(config-line)#exit
Switch(config)#
```

在 Remote PC 上测试基于密码的 Telnet 登录,如图 3-4 所示。

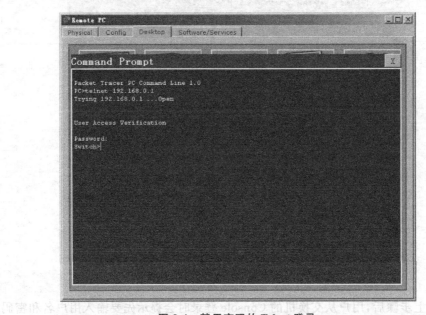

图 3-4 基于密码的 Telnet 登录

步骤 5：配置 Telnet 管理的用户名和密码。

```
Switch(config)#username switchtel password 123456
Switch(config)#line vty 0 4
Switch(config-line)#login local
Switch(config-line)#exit
Switch(config)#
```

在 Remote PC 上测试基于用户名和密码的 Telnet 登录,如图 3-5 所示。

步骤 6：配置 SSH 管理的用户名和密码。

```
Switch(config)#hostname Switch1
Switch1(config)#ip domain-name test.com
! SSH 登录的加密是基于设备名称和域名称
! 因此,在开启 SSH 之前：
! (1)必须重命名设备,不能使用默认名
! (2)设置设备的所属的域
Switch1(config)#username switchssh password 123456
Switch1(config)#crypto key generate rsa
! 根据交换机名和域名 Switch1.test.com 生成新的 RSA 密钥
The name for the keys will be: Switch1.test.com
Choose the size of the key modulus in the range of 360 to 2048 for your
  General Purpose Keys. Choosing a key modulus greater than 512 may take
  a few minutes.

How many bits in the modulus [512]:
% Generating 512 bit RSA keys, keys will be non-exportable...[OK]
```

图 3-5 基于用户名和密码的 Telnet 登录

```
Switch1(config)#line vty 0 4
* ??1 0:3:9.95:  RSA key size needs to be at least 768 bits for ssh version 2
* ??1 0:3:9.95:  % SSH-5-ENABLED: SSH 1.5 has been enabled
Switch1(config-line)#login local
Switch1(config-line)#exit
Switch1(config)#
```

在 Remote PC 上测试基于用户名和密码的 SSH 登录,如图 3-6 所示。

图 3-6 基于用户名和密码的 SSH 登录

3.1.4 任务小结

（1）交换机的管理安全配置分为基于密码和基于用户与密码两种安全认证方式。

（2）SSH 登录的加密基于设备名称和域名称。因此，在开启 SSH 之前，必须重命名设备，不能使用默认名；应设置设备所属的域。

任务 2 交换机的特权模式密码清除

3.2.1 任务描述

Cisco 交换机的配置都保存在 NVRAM 中名为 startup-config 的文件中，包括特权模式密码。每当交换机启动时，都会读取 startup-config 文件并应用配置。所以在忘记交换机特权模式密码的情况下，要清除特权模式密码，只需要让交换机不读取 startup-config。

不同厂家和型号的交换机的特权模式密码清除方法有所不同，本任务以型号为 2950-24 的交换机进行练习。

3.2.2 任务要求

（1）添加一台交换机（型号 2950-24）。

（2）对交换机进行一些基本设置，如修改设备名称、设置特权模式密码等。

（3）掌握清除交换机特权模式密码的方法。

注意：不能在 Cisco Packet Tracer 模拟本任务的操作。

3.2.3 任务步骤

步骤 1：交换机的基本设置。

对交换机进行一些基本设置，如修改设备名称、设置特权模式密码等，并保存到启动配置文件。

```
Switch(config)#hostname 2950-24
2950-24(config)#enable password 123456
2950-24(config)#exit
2950-24#write
Building configuration...
[OK]
2950-24#
```

步骤 2：用控制线将交换机和计算机连接起来，然后运行终端仿真程序（如超级终端）。

终端仿真程序的连接参数设置如表 3-4 所示。

交换机前面板如图 3-7 所示。拔出电源线，按住前面板左侧的 MODE 按钮，再插上电源线。大概 5 秒钟后，当名为 STAT 的 LED 熄灭时，松开 MODE 按钮，名为 SYST 的 LED 呈琥珀色闪烁。

表 3-4 终端软件参数设置

项 目	内 容	项 目	内 容
Bits Per Second 每秒位数	9600	Stop Bits 停止位	1
Data Bits 数据位	8	Flow Control 数据流控制	Xon/Xoff
Parity 奇偶校验	None 无		

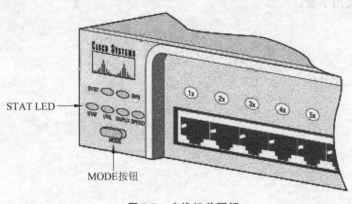

图 3-7 交换机前面板

此时,交换机的命令行界面显示如下:

switch:

步骤 3:重命名配置文件,以便在正常启动的情况下跳过读取配置文件。

switch: flash_init
! 初始化 FLASH
switch: load_helper
! 加载并初始化辅助镜像 IOS
switch: dir flash:
! 显示 FLASH 的文件
switch: rename flash:config.text flash:config.old
! 重命名配置文件,以便在正常启动的情况下跳过读取配置文件
switch: boot
! 重新启动交换机

步骤 4:加载配置文,并设置新的特权模式密码。

Switch# rename flash:config.old flash:config.text
Switch# copy startup-config running-config
2950-24# configure terminal
2950-24(config)# enable password 654321
2950-24(config)# exit
2950-24# write
Building configuration...
[OK]
2950-24#

3.2.4 任务小结

（1）要清除交换机的特权模式密码，必须物理接触交换机，并用控制线连接交换机和计算机。通过终端仿真程序进行操作。

（2）不同厂家和型号的交换机的特权模式密码清除方法有所不同。因此，操作前最好查阅相应的使用手册。

项目 4

交换机的文件备份和出厂设置恢复

Project 4

项目说明

作为一名网络管理员,在配置完交换机并确认正常工作后,需要做的事情就是将交换机的配置文件保存并备份到其他位置,以便在以后不小心改动了配置或者因故障更换交换机后,通过还原配置文件来迅速恢复之前的配置。

当一台交换机从一个地方搬到另一个地方使用时,往往需要根据新的环境更改交换机的配置。但是逐一修改比较麻烦,也不能保证正确,不如清空交换机的所有配置,恢复到刚刚出厂的状态,再重新配置。

本项目重点学习交换机的文件备份和出厂设置恢复。通过本项目的学习,读者将获得以下两个方面的学习成果。

(1) 交换机的文件备份与还原。

(2) 交换机的出厂设置恢复。

任务 1　交换机的文件备份与还原

4.1.1　任务描述

交换机的配置文件一般有两个,分别是运行配置文件和启动配置文件。以 Cisco 设备为例,对应的文件名分别是 running-config 和 startup-config。运行配置文件暂存在交换机的内存中,断电后丢失;启动配置文件保存在非易失存储器中,断电后不会丢失。交换机在经过加电自检和加载操作系统后,读取并加载启动配置文件。为了使交换机的当前配置在下次断电重启后还能生效,必须将运行配置文件的内容保存在启动配置文件中。以 Cisco 设备为例,相应的命令为 copy running-config startup-config 或 write。

交换机的操作系统文件备份到其他位置。当由于操作失误损坏该操作系统文件或者更新操作系统文件后想恢复到之前的操作系统时,可以将先前备份的文件还原。以 Cisco 设备为例,操作系统文件的扩展名一般是 bin。

交换机的文件可以备份 TFTP 和 FTP 服务器。TFTP 是精简版的 FTP,本任务以 TFTP 为例来操作。

4.1.2 任务要求

(1) 任务的拓扑结构如图 4-1 所示。

PC-PT　　　　2950-24　　　Server-PT
PC　　　　　Switch　　　　TFTP Server

图 4-1　任务拓扑结构

(2) 任务所需的设备类型、型号、数量等如表 4-1 所示。

表 4-1　设备类型、型号、数量和名称

类　　型	型　　号	数　　量	设 备 名 称
二层交换机	2950-24	1	Switch
计算机	PC-PT	1	PC
服务器	Server-PT	1	TFTP Server

(3) 各设备的端口连接如表 4-2 所示。

表 4-2　设备端口连接

设备端口 1	设备端口 2	线 缆 类 型
Switch：Console	PC：RS 232	控制线
Switch：FastEthernet0/1	TFTP Server：FastEthernet0	直通线

(4) 各节点的 IP 配置如表 4-3 所示。

表 4-3　节点 IP 配置

节　　点	IP 地 址	默 认 网 关
Switch：VLAN1	192.168.0.1/24	
TFTP Server：FastEthernet0	192.168.0.251/24	

(5) 分别备份交换机的运行配置文件和启动配置文件到 TFTP 服务器，并分别还原；备份交换机的操作系统文件。

4.1.3　任务步骤

步骤 1：在 PC 通过终端或者交换机的 CLI 界面对交换机进行基本配置。

```
Switch(config)#hostname Switch1
Switch1(config)#interface vlan 1
Switch1(config-if)#ip address 192.168.0.1 255.255.255.0
Switch1(config-if)#no shutdown
Switch1(config-if)#exit
Switch1(config)#exit
Switch1#write
```

```
Building configuration...
[OK]
Switch1#
```

步骤 2：备份运行配置文件到 TFTP 服务器。

```
Switch1# copy running-config tftp:
Address or name of remote host []? 192.168.0.251
```
! 远程主机（即 TFTP 服务器）的 IP 地址或域名，输入：192.168.0.251
```
Destination filename [Switch1-confg]? Switch1-running-config
```
! 方括号内是默认的目标文件名，输入新的目标文件名：Switch1-running-config

```
Writing running-config...!!
[OK - 985 bytes]

985 bytes copied in 3.015 secs (0 bytes/sec)
Switch1#
```

步骤 3：备份启动配置文件到 TFTP 服务器。

```
Switch1# copy startup-config tftp:
Address or name of remote host []? 192.168.0.251
Destination filename [Switch1-confg]? Switch1-startup-config

Writing startup-config...!!
[OK - 985 bytes]

985 bytes copied in 0 secs
Switch1#
```

步骤 4：从 TFTP 服务器还原运行配置文件。

```
Switch1(config)# no hostname
```
! 恢复交换机的默认名，从而对比还原运行配置文件前后的区别
```
Switch(config)# exit
Switch# write
```
! 将运行配置文件内容保存到启动配置文件，为对比下一个步骤还原启动配置文件前后的区别做好准备
```
Building configuration...
[OK]
Switch# copy tftp: running-config
Address or name of remote host []? 192.168.0.251
Source filename []? Switch1-running-config
Destination filename [running-config]?

Accessing tftp://192.168.0.251/Switch1-running-config...
Loading Switch1-running-config from 192.168.0.251: !
[OK - 985 bytes]

985 bytes copied in 0 secs
Switch1#
```

!交换机名称在还原运行配置文件后立即被还原了

步骤 5：从 TFTP 服务器还原启动配置文件。

(1) 还原前，先查看交换机的启动配置文件。

```
Switch1# show startup-config
Using 984 bytes
!
version 12.1
no service timestamps log datetime msec
no service timestamps debug datetime msec
no service password-encryption
!
hostname Switch
!启动配置文件中的设备名还是 Switch，与运行配置不同
...
```

(2) 从 TFTP 服务器还原启动配置文件。

```
Switch1# copy tftp: startup-config
Address or name of remote host []? 192.168.0.251
Source filename []? Switch1-startup-config
Destination filename [startup-config]?

Accessing tftp://192.168.0.251/Switch1-startup-config...
Loading Switch1-startup-config from 192.168.0.251: !
[OK - 985 bytes]

985 bytes copied in 0 secs
Switch1#
```

(3) 还原后，再次查看交换机的启动配置文件。

```
Switch1# show startup-config
Using 985 bytes
!
version 12.1
no service timestamps log datetime msec
no service timestamps debug datetime msec
no service password-encryption
!
hostname Switch1
!启动配置文件中设备名已经是 Switch1
...
```

步骤 6：备份交换机的操作系统文件。

```
Switch1# dir
!显示交换机闪存中的文件
Directory of flash:/
```

```
    1  -rw-     3058048        < no date >  c2950-i6q4l2-mz.121-22.EA4.bin

64016384 bytes total (60958336 bytes free)
Switch1# copy flash tftp:
Source filename []? c2950-i6q4l2-mz.121-22.EA4.bin
Address or name of remote host []? 192.168.0.251
Destination filename [c2950-i6q4l2-mz.121-22.EA4.bin]? Switch-2950-24.bin

Writing c2950-i6q4l2-mz.121-22.EA4.bin...!!!!!!!!!!!!!!!!!!!!!!!!!!!!!!!!!
[OK - 3058048 bytes]

3058048 bytes copied in 0.109 secs (28055000 bytes/sec)
Switch1#
```

步骤 7：在 TFTP 服务器上查看备份文件，正确的结果如图 4-2 所示。

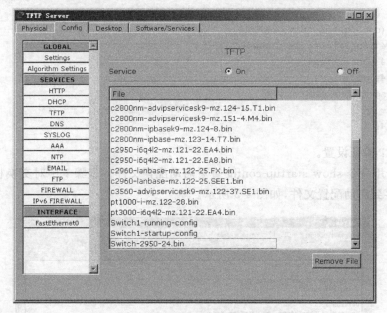

图 4-2 在 TFTP 服务器上查看备份文件

4.1.4 任务小结

从交换机将配置文件备份到 TFTP 服务器后需要还原时，startup-config 文件还原后不需要再执行保存操作；running-config 文件根据需要执行或不执行保存操作。

任务 2 交换机的出厂设置恢复

4.2.1 任务描述

对一台交换机做了很多功能的配置，完成之后，发现它不能正常工作。问题出在哪里呢？可能检查了很多遍都没有发现错误。排错的难度远远大于重新配置，这时不如清空交换机的所有配置，恢复到刚刚出厂的状态，再重新配置。

4.2.2 任务要求

（1）添加一台交换机。
（2）对交换机进行一些基本设置，如修改设备名称、设置特权模式密码等。
（3）对交换机恢复出厂设置。

4.2.3 任务步骤

步骤1：交换机的基本设置。

对交换机进行一些基本设置，如修改设备名称、设置特权模式密码等，并保存到启动配置文件。

```
Switch(config)#hostname 2950-24
2950-24(config)#enable password 123456
2950-24(config)#exit
2950-24#write
Building configuration...
[OK]
2950-24#
```

步骤2：验证设置。

（1）使用命令 show startup-config 查看启动配置文件。步骤1中对交换机所做的设置已经保存到启动配置文件，如图4-3所示。

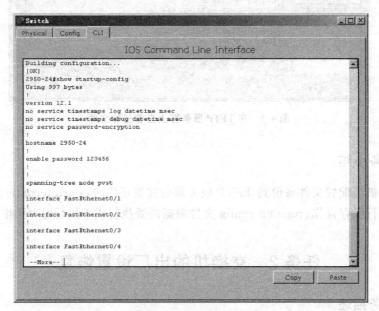

图 4-3 启动配置文件

```
2950-24#show startup-config
Using 997 bytes
!
version 12.1
no service timestamps log datetime msec
no service timestamps debug datetime msec
no service password-encryption
!
hostname 2950-24
!
enable password 123456
!
!
spanning-tree mode pvst
!
interface FastEthernet0/1
...
```

（2）在特权模式下使用命令 reload 重新启动交换机。

```
2950-24#reload
Proceed with reload? [confirm]
...
2950-24>enable
Password:
2950-24#
```

在交换机重新启动后，步骤 1 所做的设置还会生效。

步骤 3：恢复出厂设置。

Cisco 没有提供命令用于恢复出厂设置，但是通过清空启动配置文件 startup-config 可以达到恢复出厂设置的目的。要清空启动配置文件，在特权模式下使用命令 erase startup-config。

```
2950-24#erase startup-config
Erasing the nvram filesystem will remove all configuration files! Continue?
[confirm]
[OK]
Erase of nvram: complete
%SYS-7-NV_BLOCK_INIT: Initialized the geometry of nvram
2950-24#
```

步骤 4：验证操作。

查看启动配置文件，该文件已经不存在，如图 4-4 所示。

```
2950-24#show startup-config
startup-config is not present
2950-24#
```

重新启动交换机，设备名称已经恢复为默认名称，特权模式密码也没有了。

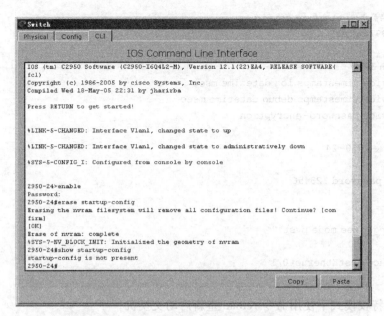

图 4-4　恢复出厂设置并查看启动配置文件

```
2950-24# reload
Proceed with reload? [confirm]
...
Switch> enable
Switch#
```

4.2.4　任务小结

（1）恢复交换机的出厂设置在某些特殊的情况下非常有用。
（2）恢复出厂设置必须谨慎，并且做好配置文件的备份。

项目 5

交换机的端口配置

Project 5

项目说明

交换机是一种多端口的网络设备。要充分发挥交换机的功能和性能,离不开对端口的配置。交换机的端口配置包括端口模式、双工模式、传输速度、安全与 MAC 地址表管理等。

本项目重点学习交换机的端口配置。通过本项目的学习,读者将获得以下两个方面的学习成果。

(1) 交换机端口的一般配置。
(2) 交换机端口的安全配置。

任务 1 交换机端口的一般配置

5.1.1 任务描述

交换机端口的一般配置主要包括端口模式、双工模式和传输速度的配置。

交换机的端口模式有两种,分别是 Access 模式(访问模式、普通模式)和 Trunk 模式(汇聚模式、中继模式)。Access 模式的端口用于连接计算机等端点设备,Trunk 模式的端口用于交换机间的连接。如果交换机划分了多个 VLAN,那么 Access 模式的端口只属于某个特定的 VLAN;Trunk 模式的端口不属于任何一个 VLAN,并且 Trunk 模式的端口用于 VLAN 间通信。

交换机端口的双工模式有全双工、半双工和自动双工。

交换机端口的传输速度有自适应、10Mbps、100Mbps、1000Mbps 等。

5.1.2 任务要求

(1) 添加一台交换机(型号 2950-24)。
(2) 根据表 5-1 所示配置交换机端口。

5.1.3 任务步骤

步骤 1:分别设置交换机接口 FastEthernet0/1、2、3 的模式。

表 5-1 交换机端口配置(1)

接　口	配置内容	接　口	配置内容
FastEthernet0/1	端口模式：Access	FastEthernet0/5	双工模式：半双工
FastEthernet0/2	端口模式：Access	FastEthernet0/6	传输速度：10Mbps
FastEthernet0/3	端口模式：Trunk	FastEthernet0/7	传输速度：100Mbps
FastEthernet0/4	双工模式：全双工		

交换机的端口模式是在接口模式下使用命令 switchport mode 设置的。

```
Switch(config)#interface fastethernet 0/1
Switch(config-if)#switchport mode access
!设置 FastEthernet 0/1 的端口模式为 Access 模式
Switch(config-if)#exit
Switch(config)#interface fastethernet 0/2
Switch(config-if)#switchport mode access
Switch(config-if)#exit
Switch(config)#interface fastethernet 0/3
Switch(config-if)#switchport mode trunk
!设置 FastEthernet 0/3 的端口模式为 Trunk 模式
Switch(config-if)#exit
Switch(config)#
```

如果交换机多个连续的端口要设置成相同的模式，可以通过参数 range 统一设置，以提高效率。所以，步骤 1 中的交换机接口 FastEthernet0/1-2 的模式可以通过以下方式设置：

```
Switch(config)#interface range fastethernet 0/1 - 2
Switch(config-if-range)#switchport mode access
Switch(config-if-range)#exit
Switch(config)#
```

步骤 2：分别设置交换机接口 FastEthernet0/4、5 的双工模式。

交换机的双工模式是在接口模式下使用命令 duplex 设置的。

```
Switch(config)#interface fastethernet 0/4
Switch(config-if)#duplex full
!设置 FastEthernet 0/4 的双工模式为全双工
Switch(config-if)#exit
Switch(config)#interface fastethernet 0/5
Switch(config-if)#duplex half
!设置 FastEthernet 0/5 的双工模式为半双工
Switch(config-if)#exit
Switch(config)#
```

步骤 3：分别设置交换机接口 FastEthernet0/6、7 的传输速度。

交换机的传输速度是在接口模式下使用命令 speed 设置的。

```
Switch(config)#interface fastethernet 0/6
```

```
Switch(config-if)#speed 10
!设置 FastEthernet 0/6 的传输速度为 10Mbps
Switch(config-if)#exit
Switch(config)#interface fastethernet 0/7
Switch(config-if)#speed 100
!设置 FastEthernet 0/7 的传输速度为 100Mbps
Switch(config-if)#exit
Switch(config)#
```

步骤 4：查看交换机的运行配置文件，如图 5-1 所示。

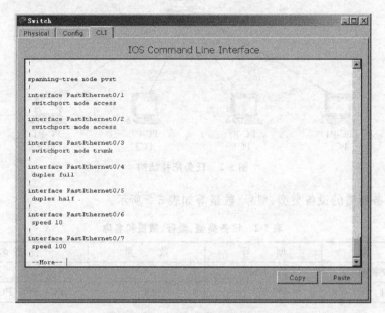

图 5-1　交换机的运行配置文件

5.1.4　任务小结

交换机的端口配置必须进入到相应的接口来操作。

任务 2　交换机端口的安全设置

5.2.1　任务描述

交换机是工作在第二层——数据链路层的网络设备。交换机的寻址方式是物理地址——MAC 地址。交换机端口的安全指的是根据连接到交换机端口的端点设备的 MAC 地址判断启用或禁用端口，以达到控制该设备能否通过该端口接入网络的目的。

交换机端口的安全设置有下述 3 种方式。

(1) 配置端口的安全 MAC 地址数。当超过该数值时，自动关闭端口。

(2) 配置端口与 MAC 地址一对一绑定。只有正确的 MAC 地址的端点设备连接到该端口时,才开启该端口;否则,关闭该端口。

(3) 通过交换机的 MAC 地址表配置端口与 MAC 地址一对一绑定。只有正确的 MAC 地址的端点设备连接到该端口时,才开启该端口;否则,关闭该端口。

5.2.2 任务要求

(1) 任务的拓扑结构如图 5-2 所示。

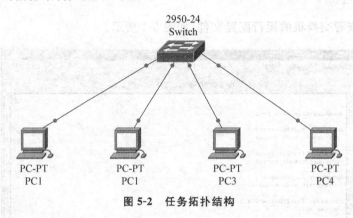

图 5-2 任务拓扑结构

(2) 任务所需的设备类型、型号、数量等如表 5-2 所示。

表 5-2 设备类型、型号、数量和名称

类 型	型 号	数 量	设 备 名 称
二层交换机	2950-24	1	Switch
计算机	PC-PT	4	PC1、PC2、PC3、PC4

(3) 各设备的接口连接如表 5-3 所示。

表 5-3 设备接口连接

设备接口 1	设备接口 2	线 缆 类 型
Switch：FastEthernet0/1	PC1：FastEthernet0	直通线
Switch：FastEthernet0/2	PC2：FastEthernet0	直通线
Switch：FastEthernet0/3	PC3：FastEthernet0	直通线
Switch：FastEthernet0/4	PC4：FastEthernet0	直通线

(4) 各节点的 IP 配置如表 5-4 所示。

表 5-4 节点 IP 配置

节 点	IP 地 址	默 认 网 关
PC1：FastEthernet0	192.168.0.11/24	
PC2：FastEthernet0	192.168.0.12/24	
PC3：FastEthernet0	192.168.0.13/24	
PC4：FastEthernet0	192.168.0.14/24	

(5) 根据表 5-5 完成交换机端口的安全设置。

表 5-5　交换机端口配置(2)

接　　口	安　全　设　置
FastEthernet0/1	安全 MAC 地址数为 2 个。当超过该数值时,自动关闭端口
FastEthernet0/2	与 PC2 的 MAC 地址绑定
FastEthernet0/3	通过交换机的 MAC 地址表与 PC3 的 MAC 地址绑定

5.2.3　任务步骤

步骤 1:查看设备的 MAC 地址。

在 Cisco Packet Tracer 中查看计算机的 MAC 地址有 3 种方式。

(1) 在计算机的命令提示符中使用命令 ipconfig /all 查看,如图 5-3 所示。

图 5-3　使用命令 ipconfig /all 查看计算机的 MAC 地址

(2) 在计算机的 Config 选项卡的 Interface 中查看,如图 5-4 所示。

(3) 选择通用工具栏的 Inspect 工具,然后单击计算机,选择 Port Status Summary Table(端口状态摘要表)查看,如图 5-5 所示。

以上 3 种方式中,只有第 1 种才能在真实设备环境中使用。

步骤 2:配置交换机接口 FastEthernet0/1 的安全 MAC 地址数。当超过该数值时,禁用端口。

```
Switch(config)#interface fastethernet 0/1
Switch(config-if)#switchport mode access
Switch(config-if)#switchport port-security
!开启 FastEthernet 0/1 的端口安全功能
Switch(config-if)#switchport port-security maximum 2
```

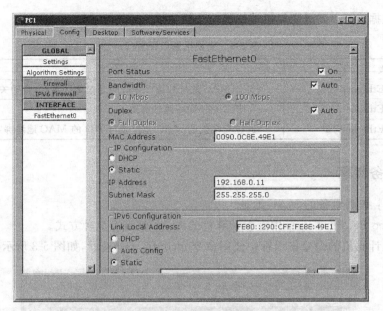

图 5-4　在 Config 选项卡的 INTERFACE 中查看计算机的 MAC 地址

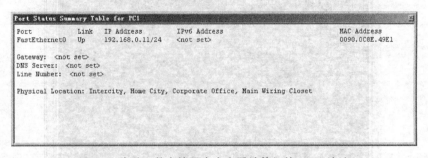

图 5-5　在端口状态摘要表中查看计算机的 MAC 地址

```
! 配置端口的安全 MAC 地址数为 2 个
Switch(config-if)#switchport port-security violation shutdown
! 设置违反安全规则时自动关闭端口
Switch(config-if)#exit
Switch(config)#
```

步骤 3：测试接口 FastEthernet0/1。

(1) 在 PC4 中使用命令 ping 测试与 PC1 的连通性。结果是连通的。在交换机中,通过命令 show mac-address-table 查看交换机的 MAC 地址表,已经记录了 PC1 和 PC4 的 MAC 地址。

```
Switch# show mac-address-table
        Mac Address Table
-------------------------------------

Vlan    Mac Address     Type        Ports
----    -----------     --------    -----
```

```
    1    0001.9665.134b    DYNAMIC     Fa 0/4
```
! PC4 的 MAC 地址,类型是动态的,连接在接口 Fa 0/4
```
    1    0090.0c8e.49e1    STATIC      Fa 0/1
```
! PC1 的 MAC 地址,类型是静态的,连接在接口 Fa 0/1
```
Switch#
```

(2) 将 PC1 的 MAC 地址改为 0090.0c8e.49e2,再次在 PC4 中使用命令 ping 测试与 PC1 的连通性。结果是连通的。在交换机中通过命令 show mac-address-table 查看交换机的 MAC 地址表,已经增加了 PC1 新的 MAC 地址。

```
Switch# show mac-address-table
         Mac Address Table
-------------------------------------

Vlan    Mac Address        Type        Ports
----    -----------        --------    -----

  1     0001.9665.134b     DYNAMIC     Fa 0/4
  1     0090.0c8e.49e1     STATIC      Fa 0/1
  1     0090.0c8e.49e2     STATIC      Fa 0/1
```
! PC1 的新的 MAC 地址
```
Switch#
```

(3) 将 PC1 的 MAC 地址改为 0090.0c8e.49e3,再次在 PC4 中使用命令 ping 测试与 PC1 的连通性,如图 5-6 所示。结果是不连通的。PC1 与交换机连接的网线的色标从绿色变为红色,表明该链路已经关闭。交换机的管理界面也提示接口 FastEthernet0/1 已经关闭。在交换机中,通过命令 show mac-address-table 查看交换机的 MAC 地址表,接口 FastEthernet0/1 的信息已经消失。

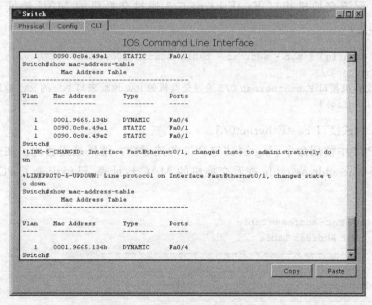

图 5-6　测试接口 FastEthernet0/1

步骤 4：配置交换机接口 FastEthernet0/2 与 PC2 的 MAC 地址绑定。

```
Switch(config)# interface fastethernet 0/2
Switch(config-if)# switchport mode access
Switch(config-if)# switchport port-security
Switch(config-if)# switchport port-security mac-address 00E0.F955.6480
!配置交换机接口 FastEthernet 0/2 与 PC2 的 MAC 地址绑定
Switch(config-if)# switchport port-security violation shutdown
Switch(config-if)# exit
Switch(config)#
```

步骤 5：测试接口 FastEthernet0/2。

（1）在 PC4 中使用命令 ping 测试与 PC2 的连通性。结果是连通的。在交换机中，通过命令 show mac-address-table 查看交换机的 MAC 地址表，已经记录了 PC2 和 PC4 的 MAC 地址。

```
Switch# show mac-address-table
        Mac Address Table
---------------------------------------

Vlan    Mac Address      Type        Ports
----    -----------      --------    -----

1       0001.9665.134b   DYNAMIC     Fa0/4
1       00e0.f955.6480   STATIC      Fa0/2
Switch#
```

（2）断开 PC2 与交换机的连接，将 PC1 与交换机连接。在 PC4 中，使用命令 ping 测试与 PC1 的连通性。结果是不连通的。

步骤 6：配置交换机接口 FastEthernet0/3 通过交换机的 MAC 地址表与 PC3 的 MAC 地址绑定。

```
Switch(config)# mac-address-table static 0002.1609.DC7A vlan 1 interface
fastethernet 0/3
!配置交换机接口 FastEthernet 0/3通过交换机的 MAC 地址表与 PC3 的 MAC 地址绑定
Switch(config)#
```

步骤 7：测试接口 FastEthernet0/3。

（1）在 PC4 中使用命令 ping 测试与 PC3 的连通性。结果是连通的。在交换机中，通过命令 show mac-address-table 查看交换机的 MAC 地址表，已经记录了 PC3 和 PC4 的 MAC 地址。

```
Switch# show mac-address-table
        Mac Address Table
---------------------------------------

Vlan    Mac Address      Type        Ports
----    -----------      --------    -----
```

```
    1    0001.9665.134b     DYNAMIC    Fa0/4
    1    0002.1609.dc7a     STATIC     Fa0/3
    1    00e0.f955.6480     STATIC     Fa0/2
Switch#
```

（2）断开 PC3 与交换机的连接，将 PC1 与交换机连接。在 PC4 中，使用命令 ping 测试与 PC1 的连通性。结果是不连通的。

步骤 8：查看交换机的运行配置文件，如图 5-7 和图 5-8 所示。

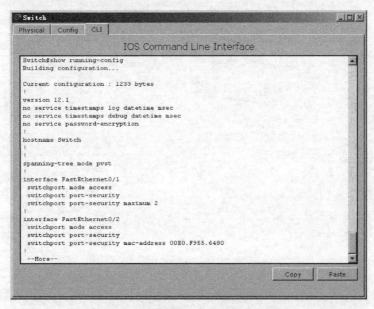

图 5-7　交换机的运行配置文件(1)

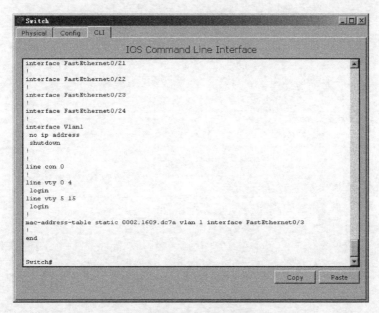

图 5-8　交换机的运行配置文件(2)

5.2.4 任务小结

(1) 交换机端口的安全设置有 3 种方式。
(2) 交换机的 MAC 地址表可以通过命令 clear mac-address-table 清空。

项目 6

虚拟局域网的配置

Project 6

项目说明

虚拟局域网(VLAN，Virtual LAN)是指在一个物理网络上根据应用来逻辑划分的局域网。每个 VLAN 是一个独立的广播域，与用户所在的物理位置没有关系。每个 VLAN 相当于一台独立的"逻辑交换机"，包含了所属 VLAN 的端口。每个 VLAN 的工作方式与物理交换机类似，可以完成数据包的转发、过滤和广播；但是，数据包的转发、过滤和广播只能在同一个 VLAN 的端口上进行。VLAN 之间的通信必须通过三层设备才能实现。

因此，划分 VLAN 能有效地控制网络广播风暴，提高网络的安全性和可靠性，还能实现不同地理位置的部门间的局域网通信，节省构建网络时所需网络设备的费用。

本项目重点学习交换机虚拟局域网的基础配置。通过本项目的学习，读者将获得以下三个方面的学习成果。

(1) 单交换机 VLAN 的划分。

(2) 多交换机相同 VLAN 的通信。

(3) 三层交换机不同 VLAN 间的路由。

任务 1 单交换机 VLAN 的划分

6.1.1 任务描述

每一台交换机都有一个编号为 1 的默认 VLAN，即 VLAN1。默认情况下，交换机的所有端口都属于这个 VLAN。因此，在没有划分其他 VLAN 时，交换机的所有端口属于同一个广播域，可以直接通信。

交换机 VLAN 的配置在全局模式下进行，主要步骤包括：创建 VLAN、分配端口、配置 VLAN 接口 IP 地址等。

一台交换机可以划分多个 VLAN。每个 VLAN 可以分配一个或多个端口。连接同一个 VLAN 端口的所有计算机设置成同一个网络的 IP 地址后可以直接通信。

6.1.2 任务要求

(1) 任务的拓扑结构如图 6-1 所示。

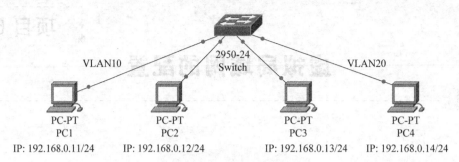

图 6-1 任务拓扑结构(1)

(2) 任务所需的设备类型、型号、数量等如表 6-1 所示。

表 6-1 设备类型、型号、数量和名称(1)

类 型	型 号	数 量	设备名称
二层交换机	2950-24	1	Switch
计算机	PC-PT	4	PC1,PC2,PC3,PC4

(3) 各设备的接口连接如表 6-2 所示。

表 6-2 设备接口连接(1)

设备接口 1	设备接口 2	线缆类型
Switch：FastEthernet0/1	PC1：FastEthernet0	直通线
Switch：FastEthernet0/2	PC2：FastEthernet0	直通线
Switch：FastEthernet0/5	PC3：FastEthernet0	直通线
Switch：FastEthernet0/6	PC4：FastEthernet0	直通线

(4) 各节点的 IP 配置如表 6-3 所示。

表 6-3 节点 IP 配置(1)

节 点	IP 地址	默认网关
PC1：FastEthernet0	192.168.0.11/24	
PC2：FastEthernet0	192.168.0.12/24	
PC3：FastEthernet0	192.168.0.13/24	
PC4：FastEthernet0	192.168.0.14/24	

(5) 交换机的 VLAN 规划如表 6-4 所示。

表 6-4 VLAN 规划(1)

交 换 机	VLAN 名称	端口范围	VLAN 接口 IP 地址
Switch	VLAN10	1~4	
Switch	VLAN20	5~8	

(6) 分别验证：同一个 VLAN 中的计算机是否可以直接通信；不同 VLAN 中的计算机是否可以直接通信。

6.1.3 任务步骤

步骤 1：测试计算机之间的连通性。

默认情况下，在没有 VLAN 时，交换机的所有端口属于同一个广播域，可以直接通信。

在 PC1 中的命令提示符窗口，使用命令 ping 测试与其他 3 台 PC 的连通性。结果是连通的。

步骤 2：创建 VLAN。

创建交换机 VLAN，是在全局模式下使用命令 vlan 设置的。

```
Switch(config)# vlan 10
! 创建 ID 为 10 的 VLAN
Switch(config-vlan)# exit
Switch(config)# vlan 20
Switch(config-vlan)# exit
Switch(config)#
```

步骤 3：分配端口。

刚创建好的 VLAN 不包含任何端口，可以在特权模式下通过命令 show vlan 查看交换机端口的分配情况，如图 6-2 所示。

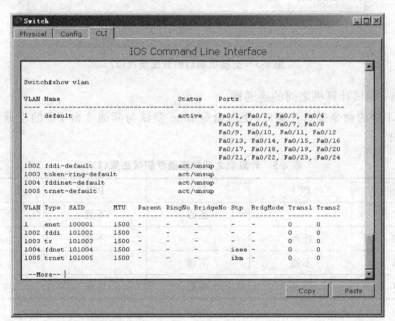

图 6-2　交换机端口的分配情况（1）

交换机 VLAN 端口的分配，是在接口模式下使用命令 switchport access 设置的。

```
Switch(config)# interface range fastethernet 0/1 - 4
Switch(config-if-range)# switchport access vlan 10
! 把快速以太网接口 FastEthernet 0/1 至 4 分配给 VLAN10
```

```
Switch(config-if-range)#exit
Switch(config)#interface range fastethernet 0/5-8
Switch(config-if-range)#switchport access vlan 20
Switch(config-if-range)#exit
Switch(config)#
```

完成分配后,再查看交换机端口的分配情况,如图 6-3 所示。

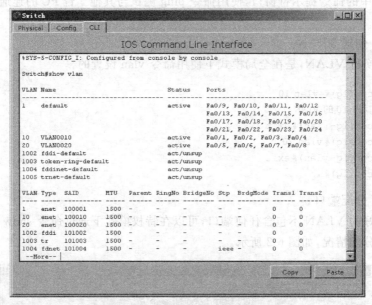

图 6-3 交换机端口的分配情况(2)

步骤 4:测试计算机之间的连通性。

在 PC1 中的命令提示符窗口,使用命令 ping 测试与其他 3 台 PC 的连通性,结果如表 6-5 所示。

表 6-5 计算机之间的连通性测试结果(1)

ping	PC1	PC2	PC3	PC4
PC1	—	连通	不通	不通
PC2	连通	—	不通	不通
PC3	不通	不通	—	连通
PC4	不通	不通	连通	—

6.1.4 任务小结

在同一台交换机中,所有计算机设置了同一个网络的 IP 地址并划分 VLAN 后,只有相同 VLAN 的计算机可以相互通信,不同 VLAN 的计算机不能通信。通过划分 VLAN,实现广播域的控制。

任务2 多交换机相同 VLAN 的通信

6.2.1 任务描述

当网络中存在两台或以上的交换机且都进行了相同的 VLAN 划分时,可以通过交换机之间的 Trunk 端口实现交换机间相同 VLAN 的通信。

交换机的端口分为 Access 模式和 Trunk 模式。默认情况下,交换机的端口均为 Access 模式。这种模式的端口只能隶属于某个 VLAN,通常用于连接计算机。Trunk 模式的端口不属于任何一个 VLAN,但允许通过不同 VLAN 的信息。因此,Trunk 端口一般用于交换机间相同 VLAN 通信。

6.2.2 任务要求

(1) 任务的拓扑结构如图 6-4 所示。

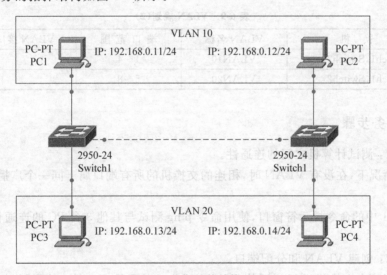

图 6-4 任务拓扑结构(2)

(2) 任务所需的设备类型、型号、数量等如表 6-6 所示。

表 6-6 设备类型、型号、数量和名称(1)

类 型	型 号	数 量	设备名称
二层交换机	2950-24	2	Switch1,Switch2
计算机	PC-PT	4	PC1,PC2,PC3,PC4

(3) 各设备的接口连接如表 6-7 所示。
(4) 各节点的 IP 配置如表 6-8 所示。
(5) 交换机的 VLAN 规划如表 6-9 所示。
(6) 实现交换机间相同 VLAN 通信。

表 6-7 设备接口连接(2)

设备接口 1	设备接口 2	线 缆 类 型
Switch1：FastEthernet0/24	Switch2：FastEthernet0/24	交叉线
Switch1：FastEthernet0/1	PC1：FastEthernet0	直通线
Switch1：FastEthernet0/5	PC3：FastEthernet0	直通线
Switch2：FastEthernet0/1	PC2：FastEthernet0	直通线
Switch2：FastEthernet0/5	PC4：FastEthernet0	直通线

表 6-8 节点 IP 配置(2)

节 点	IP 地址	默 认 网 关
PC1：FastEthernet0	192.168.0.11/24	
PC2：FastEthernet0	192.168.0.12/24	
PC3：FastEthernet0	192.168.0.13/24	
PC4：FastEthernet0	192.168.0.14/24	

表 6-9 VLAN 规划(2)

交 换 机	VLAN 名称	端 口 范 围	VLAN 接口 IP 地址
Switch1，Switch2	VLAN10	1～4	
Switch1，Switch2	VLAN20	5～8	

6.2.3 任务步骤

步骤 1：测试计算机之间的连通性。

默认情况下，在没有 VLAN 时，相连的交换机的所有端口属于同一个广播域，可以直接通信。

在 PC1 中的命令提示符窗口，使用命令 ping 测试与其他 3 台 PC 的连通性。结果是连通的。

步骤 2：创建 VLAN 和分配端口。

分别对两台交换机进行相同的 VLAN 划分。以下是 Switch1 的配置过程，Switch2 的配置与之类似。

```
Switch(config)# hostname Switch1
Switch1(config)#vlan 10
Switch1(config-vlan)#exit
Switch1(config)#vlan 20
Switch1(config-vlan)#exit
Switch1(config)#interface range fastethernet 0/1-4
Switch1(config-if-range)# switchport access vlan 10
Switch1(config-if-range)# exit
Switch1(config)#interface range fastethernet 0/5-8
Switch1(config-if-range)# switchport access vlan 20
Switch1(config-if-range)# exit
Switch1(config)#
```

当两台交换机创建 VLAN 和分配端口后,再测试计算机之间的连通性。4 台 PC 都不能互相通信了。原因在于两台交换机通过端口 FastEthernet0/24 连接,而端口 FastEthernet0/24 不在 VLAN10 和 VLAN20 中。

将交换机之间的连接端口改为 VLAN10 中的端口,如端口 FastEthernet0/2,PC1 和 PC2 就可以通信了,PC3 和 PC4 依旧不能通信。同理,将交换机之间的连接端口改为 VLAN20 中的端口,则情况相反。

步骤 3:设置 FastEthernet0/24 端口为 Trunk 模式。

如果仍然要两台交换机通过 FastEthernet0/24 端口连接,并使同一个 VLAN 中的计算机可以通信,则将端口 FastEthernet0/24 设置为 Trunk 模式。因为 Trunk 类型的端口可以允许通过单个、多个或者所有 VLAN 的信息。

以下是 Switch1 的配置过程,Switch2 的配置与之类似。

```
Switch1(config)#interface fastethernet 0/24
Switch1(config-if)#switchport mode trunk
Switch1(config-if)#switchport trunk allowed vlan all
!允许通过所有 VLAN 的信息
Switch1(config-if)#exit
Switch1(config)#
```

设置完成,再次查看交换机端口的分配情况,端口 FastEthernet0/24 不再出现于任何一个 VLAN 中,如图 6-5 所示。

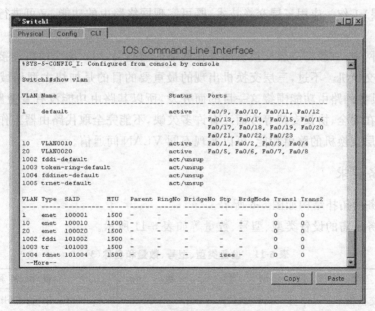

图 6-5　交换机端口的分配情况(3)

步骤 4:测试计算机之间的连通性。

在 PC1 中的命令提示符窗口,使用命令 ping 测试与其他 3 台 PC 的连通性,结果如表 6-10 所示。

表 6-10 计算机之间的连通性测试结果(2)

ping	PC1	PC2	PC3	PC4
PC1	—	连通	不通	不通
PC2	连通	—	不通	不通
PC3	不通	不通	—	连通
PC4	不通	不通	连通	—

6.2.4 任务小结

当网络中存在两台或以上的交换机,且都进行了相同的 VLAN 划分,通过设置交换机相连的端口为 Trunk 类型并允许相应的 VLAN 通过,可实现交换机之间相同 VLAN 上的计算机相互通信。

任务 3 三层交换机不同 VLAN 间的路由

6.3.1 任务描述

三层交换机就是二层交换技术加三层路由转发技术。传统的二层交换技术是在 OSI 参考模型中的第二层(即数据链路层)工作,而三层交换技术是在 OSI 参考模型中的第三层(即网络层)工作。应用三层交换技术,既可实现网络路由的功能,又可进行数据包的快速转发。

在局域网中,一般将三层交换机部署在网络的核心层,用三层交换机连接汇聚层或接入层的二层交换机。不过,三层交换机出现的最重要的目的是加快大型局域网内部的数据交换,所具备的路由功能围绕这一目的而开发,所以其路由功能没有专业路由器强大。三层交换机在安全、协议支持等方面还有许多欠缺,不能完全取代路由器工作。

通过三层交换机的路由功能,可以实现不同 VLAN 间通信。

6.3.2 任务要求

(1) 任务的拓扑结构如图 6-6 所示。

(2) 任务所需的设备类型、型号、数量等如表 6-11 所示。

表 6-11 设备类型、型号、数量和名称(3)

类 型	型 号	数 量	设备名称
三层交换机	3560-24PS	1	Multilayer Switch
计算机	PC-PT	4	PC1,PC2,PC3,PC4

(3) 各设备的接口连接如表 6-12 所示。
(4) 各节点的 IP 配置如表 6-13 所示。
(5) 交换机的 VLAN 规划如表 6-14 所示。

项目6 虚拟局域网的配置

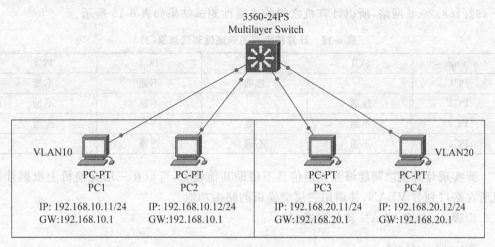

图 6-6 任务拓扑结构（3）

表 6-12 设备接口连接（3）

设备接口 1	设备接口 2	线 缆 类 型
Multilayer Switch：FastEthernet0/1	PC1：FastEthernet0	直通线
Multilayer Switch：FastEthernet0/2	PC2：FastEthernet0	直通线
Multilayer Switch：FastEthernet0/5	PC3：FastEthernet0	直通线
Multilayer Switch：FastEthernet0/6	PC4：FastEthernet0	直通线

表 6-13 节点 IP 配置（3）

节　点	IP 地　址	默 认 网 关
PC1：FastEthernet0	192.168.10.11/24	192.168.10.1
PC2：FastEthernet0	192.168.10.12/24	192.168.10.1
PC3：FastEthernet0	192.168.20.11/24	192.168.20.1
PC4：FastEthernet0	192.168.20.12/24	192.168.20.1

表 6-14 VLAN 规划（3）

交　换　机	VLAN 名称	端口范围	VLAN 接口 IP 地址
Multilayer Switch	VLAN10	1～4	192.168.10.1
Multilayer Switch	VLAN20	5～8	192.168.20.1

（6）分别验证：同一 VLAN 中的计算机是否可以直接通信；不同 VLAN 中的计算机是否可以直接通信。

6.3.3 任务步骤

步骤 1：测试计算机之间的连通性。

默认情况下，在没有 VLAN 时，交换机的所有端口属于同一个广播域，可以直接通信。但是由于 PC1 和 PC2 的 IP 地址属于 192.168.10.0 网络，PC3 和 PC4 的 IP 地址属于192.168.20.0网络,所以计算机之间的连通性测试结果如表 6-15 所示。

表 6-15 计算机之间的连通性测试结果(3)

ping	PC1	PC2	PC3	PC4
PC1	—	连通	不通	不通
PC2	连通	—	不通	不通
PC3	不通	不通	—	连通
PC4	不通	不通	连通	—

要实现计算机之间能够互相通信且不借助其他设备,可以在三层交换机上根据计算机所在端口划分 VLAN,并启用三层交换机的路由功能。

步骤2:创建 VLAN 和分配端口。

```
Switch(config)#vlan 10
Switch(config-vlan)#exit
Switch(config)#vlan 20
Switch(config-vlan)#exit
Switch(config)#interface range fastethernet 0/1-4
Switch(config-if-range)#switchport access vlan 10
Switch(config-if-range)#exit
Switch(config)# interface range fastethernet 0/5-8
Switch(config-if-range)#switchport access vlan 20
Switch(config-if-range)#exit
Switch(config)#
```

步骤3:配置 VLAN 接口的 IP 地址。

```
Switch(config)#interface vlan 10
Switch(config-if)#ip address 192.168.10.1 255.255.255.0
Switch(config-if)#no shutdown
Switch(config-if)#exit
Switch(config)#interface vlan 20
Switch(config-if)#ip address 192.168.20.1 255.255.255.0
Switch(config-if)#no shutdown
Switch(config-if)#exit
Switch(config)#
```

步骤4:开启三层交换机的路由功能。

```
Switch(config)#ip routing
Switch(config)#
```

步骤5:设置计算机的默认网关。

计算机之间要实现跨网通信,必须通过网关进行路由转发,所以还要为每一台计算机配置默认网关。

设置计算机的默认网关时,应该选择该计算机上连设备的 IP 地址,也称下一跳(Next Hop)地址。对于本任务的拓扑结构来说,PC1 和 PC2 的上连设备为 Switch 的 VLAN10,因此 VLAN10 接口的 IP 地址即为 PC1 和 PC2 的下一跳地址。所以,PC1 和

PC2 的默认网关应设为 192.168.10.1。同理,PC3 和 PC4 的网关应设为 Switch 的 VLAN20 接口的 IP 地址,即 192.168.20.1。

步骤 6:测试计算机之间的连通性。

在 PC1 中的命令提示符窗口,使用命令 ping 测试与其他 3 台 PC 的连通性。结果都是连通的。

步骤 7:查看交换机的运行配置文件,如图 6-7 和图 6-8 所示。

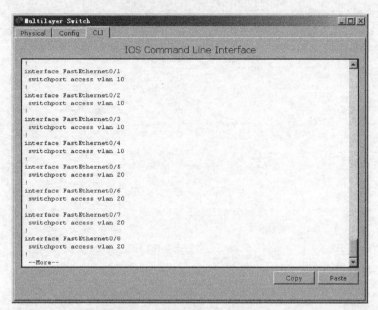

图 6-7 交换机的运行配置文件(1)

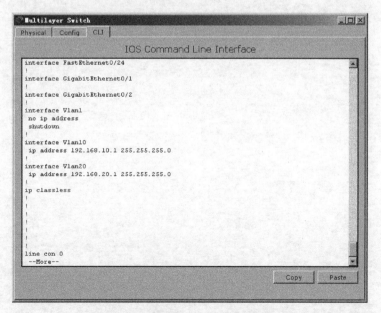

图 6-8 交换机的运行配置文件(2)

6.3.4 任务小结

当在三层交换机上划分多个 VLAN，并且每个 VLAN 配置不同网络的 IP 地址时，要实现交换机下连的所有计算机能互相通信，必须设置每个 VLAN 接口的 IP 地址，并且所有计算机都要设置默认网关，即计算机上连 VLAN 接口的 IP 地址。

项目 7
基于分层设计的虚拟局域网的配置

Project 7

项目说明

在大型网络规划中,经常应用网络分层设计,以达到性能和成本之间的平衡。网络的分层设计一般分为核心层、汇聚层和接入层,如图 7-1 所示。核心层使用路由器或三层交换机,并与外网连接。汇聚层使用三层交换机,上连核心层,下连接入层。接入层使用二层交换机,负责具体的 VLAN 划分和端点设备的接入。

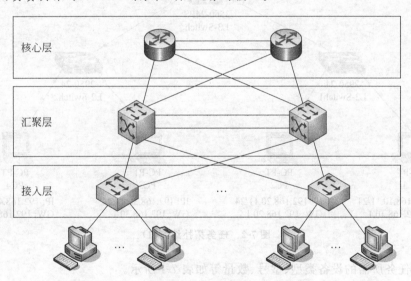

图 7-1 网络的分层设计

本项目重点学习基于分层设计的虚拟局域网的配置。通过本项目的学习,读者将获得以下两个方面的学习成果。

(1) 基于三层交换机的二层交换机不同 VLAN 间的路由。
(2) VLAN 中继协议。

任务 1　基于三层交换机的二层交换机不同 VLAN 间的路由

7.1.1　任务描述

三层交换机能够实现不同 VLAN 间的路由,但是三层交换机的价格比二层交换机贵。如果需要同时接入多个端点设备,全部采用三层交换机不切实际。更合理的做法是采用分层设计,接入层使用较廉价的二层交换机,汇聚层使用三层交换机并启用路由功能,实现不同 VLAN 间的路由。

7.1.2　任务要求

(1) 任务的拓扑结构如图 7-2 所示。

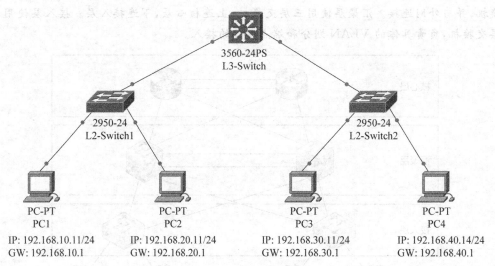

图 7-2　任务拓扑结构(1)

(2) 任务所需的设备类型、型号、数量等如表 7-1 所示。

表 7-1　设备类型、型号、数量和名称(1)

类　型	型　号	数　量	设 备 名 称
三层交换机	3560-24PS	1	L3-Switch
二层交换机	2950-24	2	L2-Switch1,L2-Switch2
计算机	PC-PT	4	PC1,PC2,PC3,PC4

(3) 各设备的接口连接如表 7-2 所示。

(4) 各节点的 IP 配置如表 7-3 所示。

(5) 交换机的 VLAN 规划如表 7-4 所示。

(6) 在二层交换机上划分 VLAN,并通过三层交换机实现不同二层交换机不同

VLAN 间的通信。

表 7-2　设备接口连接（1）

设备接口 1	设备接口 2	线 缆 类 型
L3-Switch：FastEthernet0/1	L2-Switch1：FastEthernet0/24	直通线
L3-Switch：FastEthernet0/2	L2-Switch2：FastEthernet0/24	直通线
L2-Switch1：FastEthernet0/1	PC1：FastEthernet0	直通线
L2-Switch1：FastEthernet0/5	PC2：FastEthernet0	直通线
L2-Switch2：FastEthernet0/1	PC3：FastEthernet0	直通线
L2-Switch2：FastEthernet0/5	PC4：FastEthernet0	直通线

表 7-3　节点 IP 配置（1）

节　点	IP 地址	默 认 网 关
PC1：FastEthernet0	192.168.10.11/24	192.168.10.1
PC2：FastEthernet0	192.168.20.11/24	192.168.20.1
PC3：FastEthernet0	192.168.30.11/24	192.168.30.1
PC4：FastEthernet0	192.168.40.11/24	192.168.40.1

表 7-4　VLAN 规划（1）

交　换　机	VLAN 名称	端 口 范 围	VLAN 接口 IP 地址
L2-Switch1	VLAN10	1～4	
L2-Switch1	VLAN20	5～8	
L2-Switch2	VLAN30	1～4	
L2-Switch2	VLAN40	5～8	

7.1.3　任务步骤

步骤 1：配置二层交换机。

二层交换机的配置包括交换机重命名、创建 VLAN 与端口划分、级联端口配置等。

（1）L2-Switch1：

```
Switch(config)#hostname L2-Switch1
L2-Switch1(config)#vlan 10
L2-Switch1(config-vlan)#exit
L2-Switch1(config)#vlan 20
L2-Switch1(config-vlan)#exit
L2-Switch1(config)#interface range fastethernet 0/1 - 4
L2-Switch1(config-if-range)#switchport mode access
L2-Switch1(config-if-range)#switchport access vlan 10
L2-Switch1(config-if-range)#exit
L2-Switch1(config)#interface range fastethernet 0/5 - 8
L2-Switch1(config-if-range)#switchport mode access
L2-Switch1(config-if-range)#switchport access vlan 20
L2-Switch1(config-if-range)#exit
L2-Switch1(config)#interface fastethernet 0/24
```

```
L2-Switch1(config-if)#switchport mode trunk
L2-Switch1(config-if)#switchport trunk allowed vlan all
L2-Switch1(config-if)#exit
L2-Switch1(config)#
```

(2) L2-Switch2：

```
Switch(config)#hostname L2-Switch2
L2-Switch2(config)#vlan 30
L2-Switch2(config-vlan)#exit
L2-Switch2(config)#vlan 40
L2-Switch2(config-vlan)#exit
L2-Switch2(config)#interface range fastethernet 0/1-4
L2-Switch2(config-if-range)#switchport mode access
L2-Switch2(config-if-range)#switchport access vlan 30
L2-Switch2(config-if-range)#exit
L2-Switch2(config)#interface range fastethernet 0/5-8
L2-Switch2(config-if-range)#switchport mode access
L2-Switch2(config-if-range)#switchport access vlan 40
L2-Switch2(config-if-range)#exit
L2-Switch2(config)#interface fastethernet 0/24
L2-Switch2(config-if)#switchport mode trunk
L2-Switch2(config-if)#switchport trunk allowed vlan all
L2-Switch2(config-if)#exit
L2-Switch2(config)#
```

步骤 2：配置三层交换机。

三层交换机的配置包括交换机重命名、创建 VLAN 与接口 IP 地址配置、启用路由功能等。

```
Switch(config)#hostname L3-Switch
L3-Switch(config)#vlan 10
L3-Switch(config-vlan)#exit
L3-Switch(config)#vlan 20
L3-Switch(config-vlan)#exit
L3-Switch(config)#vlan 30
L3-Switch(config-vlan)#exit
L3-Switch(config)#vlan 40
L3-Switch(config-vlan)#exit
L3-Switch(config)#interface vlan 10
L3-Switch(config-if)#ip address 192.168.10.1 255.255.255.0
L3-Switch(config-if)#no shutdown
L3-Switch(config-if)#exit
L3-Switch(config)#interface vlan 20
L3-Switch(config-if)#ip address 192.168.20.1 255.255.255.0
L3-Switch(config-if)#no shutdown
L3-Switch(config-if)#exit
L3-Switch(config)#interface vlan 30
L3-Switch(config-if)#ip address 192.168.30.1 255.255.255.0
L3-Switch(config-if)#no shutdown
L3-Switch(config-if)#exit
L3-Switch(config)#interface vlan 40
L3-Switch(config-if)#ip address 192.168.40.1 255.255.255.0
L3-Switch(config-if)#no shutdown
```

```
L3-Switch(config-if)#exit
L3-Switch(config)#ip routing
L3-Switch(config)#
```

步骤 3：任务测试。

配置完成后，整个拓扑结构中的所有节点可以互联互通。各交换机的运行配置文件如图 7-3～图 7-5 所示。

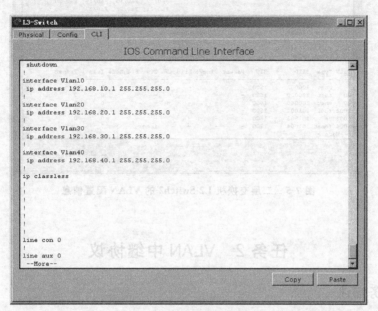

图 7-3　三层交换机运行配置文件

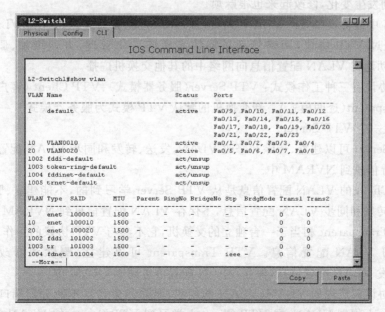

图 7-4　二层交换机 L2-Switch1 的 VLAN 配置信息

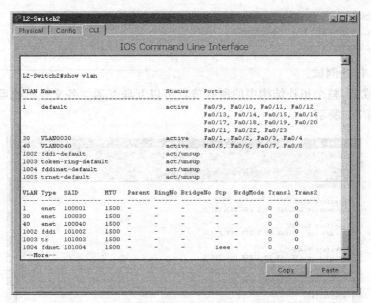

图 7-5　二层交换机 L2-Switch2 的 VLAN 配置信息

任务 2　VLAN 中继协议

7.2.1　任务描述

在大型网络中，如果单独对每一台交换机进行 VLAN 配置，工作量很大；如果 VLAN 规划发生变化，修改起来也很麻烦。

VLAN 中继协议（VTP，VLAN Trunk Protocol）能够通过网络保持 VLAN 配置的统一性。通过 VTP 协议，网络管理员能够实现统一化管理，方便增加、删除和调整 VLAN，自动地将 VLAN 配置信息向网络中的其他交换机广播。

VTP 协议有三种工作模式：VTP Server（服务器模式）、VTP Client（客户端模式）和 VTP Transparent（透明模式）。新交换机的默认 VTP 模式为服务器模式。一个 VTP 域内一般只设一个 VTP Server。

VTP Server 可以建立、删除和修改 VLAN，发送、转发和同步 VLAN 配置信息，保存 VLAN 配置信息到 NVRAM 中。

VTP Client 的 VLAN 配置信息是从 VTP Server 学习到的，不能建立、删除和修改 VLAN，但转发和同步 VLAN 配置信息，不保存 VLAN 配置信息到 NVRAM 中。

VTP Transparent 相当于一台独立的交换机，它不参与 VTP 协议的工作，不从 VTP Server 学习 VLAN 配置信息。VTP Transparent 可以建立、删除和修改本机上的 VLAN，转发 VLAN 配置信息，保存 VLAN 配置信息到 NVRAM 中。

VTP 协议只能规划 VLAN（VLAN 的创建、删除和命名），不能分配端口。因此，在 VTP Server 上规划 VLAN，在 VTP Client 上学习到 VTP Server 的 VLAN 规划后还要在 VTP Client 分配端口。

7.2.2 任务要求

(1) 任务的拓扑结构如图 7-6 所示。

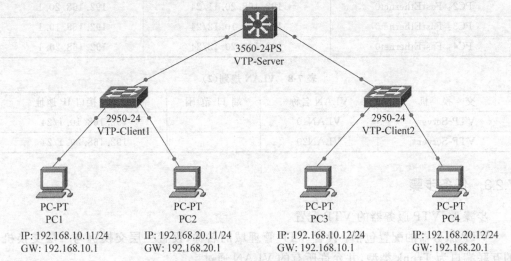

图 7-6 任务拓扑结构(2)

(2) 任务所需的设备类型、型号、数量等如表 7-5 所示。

表 7-5 设备类型、型号、数量和名称(2)

类 型	型 号	数 量	设备名称
三层交换机	3560-24PS	1	VTP-Server
二层交换机	2950-24	2	VTP-Client1,VTP-Client2
计算机	PC-PT	4	PC1,PC2,PC3,PC4

(3) 各设备的接口连接如表 7-6 所示。

表 7-6 设备接口连接(2)

设备接口 1	设备接口 2	线 缆 类 型
VTP-Server：FastEthernet0/1	VTP-Client1：FastEthernet0/24	直通线
VTP-Server：FastEthernet0/2	VTP-Client2：FastEthernet0/24	直通线
VTP-Client1：FastEthernet0/1	PC1：FastEthernet0	直通线
VTP-Client1：FastEthernet0/5	PC2：FastEthernet0	直通线
VTP-Client2：FastEthernet0/1	PC3：FastEthernet0	直通线
VTP-Client2：FastEthernet0/5	PC4：FastEthernet0	直通线

(4) 各节点的 IP 配置如表 7-7 所示。

(5) 交换机的 VLAN 规划如表 7-8 所示。

(6) 在 VTP 服务器上规划 VLAN,在 VTP 客户端学习 VTP 服务器的 VLAN 规划后,再进行端口分配。

表 7-7 节点 IP 配置(2)

节　　点	IP 地址	默 认 网 关
PC1：FastEthernet0	192.168.10.11/24	192.168.10.1
PC2：FastEthernet0	192.168.20.11/24	192.168.20.1
PC3：FastEthernet0	192.168.10.12/24	192.168.10.1
PC4：FastEthernet0	192.168.20.12/24	192.168.20.1

表 7-8 VLAN 规划(2)

交 换 机	VLAN 名称	端 口 范 围	VLAN 接口 IP 地址
VTP-Server	VLAN10		192.168.10.1/24
VTP-Server	VLAN20		192.168.20.1/24

7.2.3 任务步骤

步骤 1：VTP 服务器的 VTP 配置。

VTP 服务器的配置包括：设置 VTP 管理域的名称；设置三层交换机与二层交换机的互联端口为 Trunk 类型，并允许所有的 VLAN 通过。

```
Switch(config)#hostname VTP-Server
VTP-Server(config)#vtp domain VTP1
!设置 VTP 管理域的名称为 VTP1
VTP-Server(config)#vtp mode server
!设置当前交换机的 VTP 模式为 VTP 服务器
VTP-Server(config)#interface range fastethernet 0/1 - 2
VTP-Server(config-if-range)#switchport mode access
VTP-Server(config-if-range)#switchport mode trunk
VTP-Server(config-if-range)#switchport trunk allowed vlan all
VTP-Server(config-if-range)#exit
VTP-Server(config)#
```

步骤 2：VTP 客户端的 VTP 配置。

设置二层交换机为 VTP 客户端。以交换机 VTP-Client1 为例，配置过程如下所述。交换机 VTP-Client2 的配置过程与之类似。

```
Switch(config)#hostname VTP-Client1
VTP-Client1(config)#vtp domain VTP1
!设置与 VTP 服务器同名的 VTP 域
VTP-Client1(config)#vtp mode client
!设置当前交换机的 VTP 模式为 VTP 客户端
VTP-Client1(config)#
```

步骤 3：VTP 服务器的 VLAN 规划。

在 VTP 服务器上划分两个 VLAN，并设置 VLAN 的接口 IP 地址和子网掩码，启用路由功能。

```
VTP-Server(config)#vlan 10
```

```
VTP-Server(config-vlan)#exit
VTP-Server(config)#vlan 20
VTP-Server(config-vlan)#exit
VTP-Server(config)#interface vlan 10
VTP-Server(config-if)#ip address 192.168.10.1 255.255.255.0
VTP-Server(config-if)#no shutdown
VTP-Server(config-if)#exit
VTP-Server(config)#interface vlan 20
VTP-Server(config-if)#ip address 192.168.20.1 255.255.255.0
VTP-Server(config-if)#no shutdown
VTP-Server(config-if)#exit
VTP-Server(config)#ip routing
VTP-Server(config)#
```

步骤4：任务测试1。

(1) 查看VTP服务器的VTP状态，如图7-7所示。

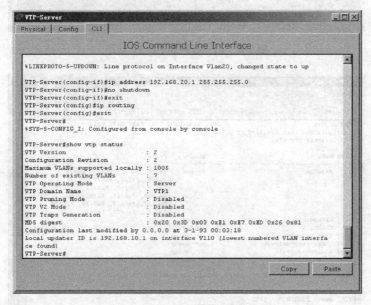

图7-7　VTP服务器的VTP状态

(2) 查看VTP客户端的VTP状态，如图7-8所示。

(3) 查看VTP中继。

当VTP服务器端的VLAN规划完成后，VTP客户端自动创建跟VTP服务器端相同的VLAN规划。图7-9所示是在交换机VTP-Client1上查看到的VLAN规划。

事实上，在交换机VTP-Client1和VTP-Client2上并没有进行VLAN规划。这就是VTP中继。如果VTP服务器的VLAN规划更新了，VTP客户端的VLAN规划会自动更新。

步骤5：VTP客户端的VLAN配置。

VTP客户端的VLAN配置包括：设置二层交换机与三层交换机互联的端口为Trunk类型，并允许所有的VLAN通过；VLAN端口的分配。以交换机VTP-Client1为例，配置过程如下所述。交换机VTP-Client2的配置过程与之类似。

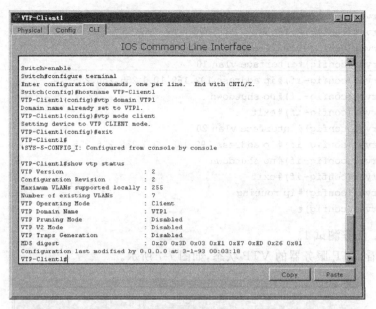

图 7-8　VTP 客户端的 VTP 状态

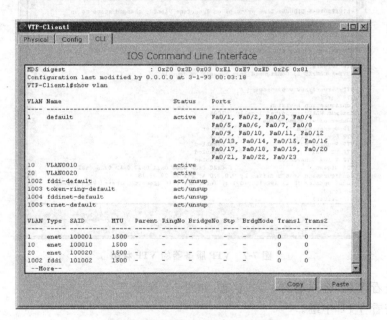

图 7-9　VTP-Client1 的 VLAN 规划

```
VTP-Client1(config)#interface fastethernet 0/24
VTP-Client1(config-if)#switchport mode trunk
VTP-Client1(config-if)#switchport trunk allowed vlan all
VTP-Client1(config-if)#exit
VTP-Client1(config)#interface range fastethernet 0/1-4
VTP-Client1(config-if-range)#switchport mode access
VTP-Client1(config-if-range)#switchport access vlan 10
VTP-Client1(config-if-range)#exit
```

```
VTP-Client1(config)#interface range fastethernet 0/5 - 8
VTP-Client1(config-if-range)#switchport mode access
VTP-Client1(config-if-range)#switchport access vlan 20
VTP-Client1(config-if-range)#exit
VTP-Client1(config)#
```

步骤 6：任务测试 2——连通性测试。

配置完成后，整个拓扑结构中的所有节点可以互联互通。各交换机的运行配置文件如图 7-10～图 7-12 所示。

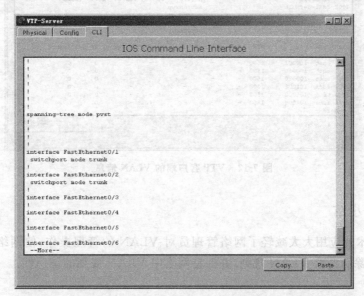

图 7-10 VTP 服务器的运行配置文件（1）

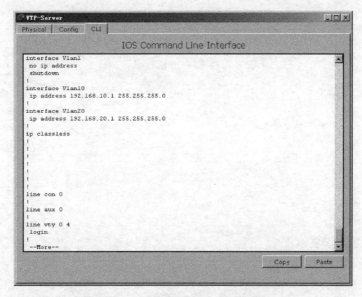

图 7-11 VTP 服务器的运行配置文件（2）

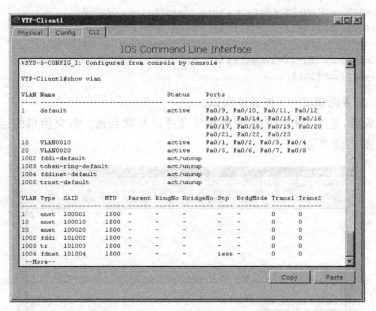

图 7-12 VTP 客户端的 VLAN 信息

7.2.4 任务小结

VTP 技术的应用大大减轻了网络管理员对 VLAN 的管理操作,使网络管理员能方便地增加、删除和调整 VLAN 规划,并保持网络中 VLAN 规划的统一性。

项目 8

交换机的冗余链路

Project 8

项目说明

在网络中存在冗余链路的情况下容易引起流量环路,使用生成树协议(STP, Spanning-Tree Protocol)能够动态地管理这些冗余链路。当某台交换机的一条连接丢失时,另一条链路能迅速取代失败链路,并且不会产生流量环路。

生成树协议包括 STP(生成树协议,IEEE 802.1D)、RSTP(快速生成树协议,IEEE 802.1W)和 MSTP(多生成树协议,IEEE 802.1S)。

将冗余链路聚合成一条逻辑链路,可增大链路带宽,解决交换网络中因带宽引起的网络速率瓶颈问题。这就是链路聚合技术。

本项目重点学习交换机的生成树协议和链路聚合。通过本项目的学习,读者将获得以下三个方面的学习成果。

(1) 生成树协议的工作原理。
(2) 生成树负载均衡的配置。
(3) 链路聚合的配置。

任务 1 生成树根交换机的选举

8.1.1 任务描述

STP 通过拥塞冗余路径上的一些端口,确保到达任何目标地址只有一条逻辑路径。STP 借用交换 BPDU(Bridge Protocol Data Unit,桥数据单元)来阻止环路。BPDU 中包含 BID(Bridge ID,桥 ID),用来识别是哪台计算机发出的 BPDU。在 STP 运行的情况下,虽然逻辑上没有环路,但是物理线上还存在环路,只是物理线路的一些端口被禁用,以阻止环路的发生。如果正在使用的链路出现故障,STP 重新计算,部分被禁用的端口重新启用来提供冗余。

STP 使用 STA(Spanning Tree Algorithm,生成树算法)来决定交换机上的哪些端口被堵塞,用于阻止环路的发生。STA 选择一台交换机作为根交换机,称作根桥(Root Bridge),以该交换机作为参考点计算所有路径。

BID 一共 8 个字节:优先级 2 个字节,MAC 地址 6 个字节。交换机的优先级范围是

0~61440，并且是 4096 的倍数。不同 VLAN 的 MAC 地址都不一样。拥有最小 BID 的交换机被选举成为根交换机。

8.1.2 任务要求

(1) 任务的拓扑结构如图 8-1 所示。

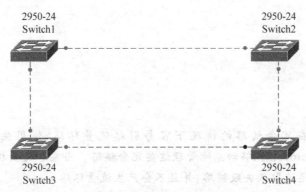

图 8-1 任务拓扑结构(1)

(2) 任务所需的设备类型、型号、数量等如表 8-1 所示。

表 8-1 设备类型、型号、数量和名称(1)

类　型	型　号	数　量	设 备 名 称
二层交换机	2950-24	4	Switch1,Switch2,Switch3,Switch4

(3) 各设备的接口连接如表 8-2 所示。

表 8-2 设备接口连接(1)

设备接口 1	设备接口 2	线缆类型
Switch1：FastEthernet0/1	Switch2：FastEthernet0/3	交叉线
Switch1：FastEthernet0/2	Switch3：FastEthernet0/4	交叉线
Switch2：FastEthernet0/5	Switch4：FastEthernet0/7	交叉线
Switch3：FastEthernet0/6	Switch4：FastEthernet0/8	交叉线

(4) 按步骤重命名设备并连接设备，观察并验证生成树协议的工作原理；更改交换机的优先级，观察并验证根交换机的选举。

8.1.3 任务步骤

步骤 1：重命名设备并连接设备。

根据生成树协议的工作原理，选举根交换机依据的是 BID 的大小。为实现图 8-1 所示的拓扑结构，必须按 BID，从小到大分别将交换机重命名为 Switch1、Switch2、Switch3 和 Switch4。BID 由交换机的优先级和 MAC 地址构成。默认情况下，交换机的优先级相同，因此交换机的 MAC 地址成为判断 BID 大小的关键。而默认情况下，交换机只有一个 VLAN，即 VLAN1。VLAN1 的 MAC 地址就是交换机的 MAC 地址。VLAN1 的 MAC

地址可以通过命令 show interface vlan 1 查看。

```
Switch#show interfaces vlan 1
Vlan1 is administratively down, line protocol is down
  Hardware is CPU Interface, address is 0001.4235.d5a4 (bia 0001.4235.d5a4)
...
```

分别查看 4 台交换机的 VLAN1 的 MAC 地址,并按从小到大,分别将交换机重命名为 Switch1、Switch2、Switch3 和 Switch4。然后,按设备端口连接表连接 4 台交换机。连接完成并等待 50 秒后,执行步骤 2。

步骤 2：查看各交换机的生成树信息。

(1) Switch1 的生成树信息,如图 8-2 所示。

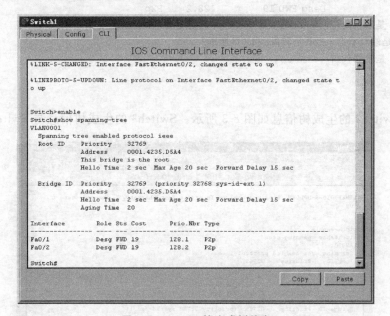

图 8-2　Switch1 的生成树信息

Switch#show spanning-tree
VLAN0001
! 因为没有划分其他的 VLAN,所以默认只有 VLAN0001 的生成树信息
　Spanning tree enabled protocol ieee
! 表示交换机使用的生成树协议是"PVST+",这也是思科默认的生成树协议
　Root ID　　Priority　　32769
　　　　　　Address　　　0001.4235.D5A4
　　　　　　This bridge is the root
　　　　　　Hello Time　2 sec　Max Age 20 sec　Forward Delay 15 sec
! Root ID 后面是 VLAN1 中根交换机的 BID 参数：Priority 32769 表示根交换机的优先级是 32769;Address 是根交换机的 MAC 地址,即 VLAN1 的 MAC 地址;This bridge is the root 表示当前这台交换机就是根交换机;Hello Time　2sec　Max Age 20sec　Forward Delay 15sec 表示 BPDU 发送间隔默认 2 秒,最大存在时间是 20 秒,转发延时是 15 秒

```
     Bridge ID   Priority    32769   (priority 32768 sys-id-ext 1)
                 Address     0001.4235.D5A4
                 Hello Time  2 sec   Max Age 20 sec   Forward Delay 15 sec
                 Aging Time  20
```

! Bridge ID 后面的参数是本交换机的 BID 参数,因为 Switch1 是根交换机,所以参数值和 Root ID 是一样的。priority 32768 sys-id-ext 1 表示 Switch1 的优先级是 32768,Extended System ID 是 1,所以优先级就是 32768+1。所以,Switch1 的 BID= Switch1 的优先级 + Switch1 的 MAC 地址(即 VLAN1 的 MAC 地址)=32769+0001.4235.D5A4

```
Interface       Role Sts Cost       Prio.Nbr Type
---------------------------------------------------------
Fa0/1           Desg FWD 19         128.1    P2p
Fa0/2           Desg FWD 19         128.2    P2p
```

! Role 是端口角色:Root 是根端口;Desg 是指定端口;Altn 是非指定端口
! Sts 是端口状态:FWD 是转发,BLK 是阻断
! Cost 是链路代价

Switch#

(2) Switch2 的生成树信息如图 8-3 所示。Switch3 的生成树信息与 Switch2 类似。

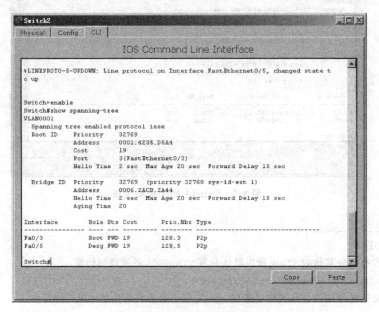

图 8-3 Switch2 的生成树信息

```
Switch# show spanning-tree
VLAN0001
  Spanning tree enabled protocol ieee
  Root ID     Priority    32769
              Address     0001.4235.D5A4
              Cost        19
              Port        3(FastEthernet0/3)
```

```
                    Hello Time   2 sec   Max Age 20 sec   Forward Delay 15 sec
!这里是根交换机,也就是 Switch1 的 BID 信息:Cost 19 指链路代价值为 19,即快速以太网的链
路代价值

  Bridge ID  Priority    32769   (priority 32768 sys-id-ext 1)
             Address     0006.2ACB.2A44
             Hello Time  2 sec   Max Age 20 sec   Forward Delay 15 sec
             Aging Time  20
! 这里是 Switch2 的 BID

Interface       Role Sts Cost     Prio.Nbr Type
----------------------------------------------------
Fa0/3           Root FWD 19       128.3    P2p
Fa0/5           Desg FWD 19       128.5    P2p

Switch#
```

(3) Switch4 的生成树信息,如图 8-4 所示。

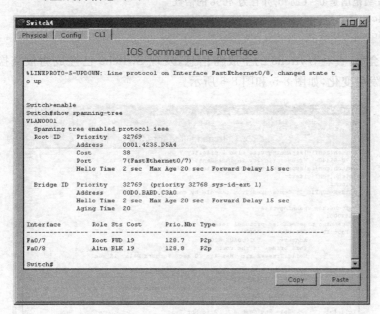

图 8-4 Switch4 的生成树信息

```
Switch# show spanning-tree
VLAN0001
  Spanning tree enabled protocol ieee
  Root ID    Priority    32769
             Address     0001.4235.D5A4
             Cost        38
             Port        7(FastEthernet0/7)
             Hello Time  2 sec   Max Age 20 sec   Forward Delay 15 sec
```

```
            Bridge ID  Priority    32769   (priority 32768 sys-id-ext 1)
                       Address     00D0.BABD.C3A0
                       Hello Time  2 sec   Max Age 20 sec   Forward Delay 15 sec
                       Aging Time  20

Interface        Role Sts Cost       Prio.Nbr Type
-------------------------------------------------------------
Fa0/7            Root FWD 19         128.7    P2p
Fa0/8            Altn BLK 19         128.8    P2p
! 端口 Fa0/8 角色为非指定端口,状态为阻断

Switch#
```

步骤 3：修改交换机优先级,实现手动指定根交换机。

将 Switch3 的优先级改小,以实现手动指定 Switch3 为根交换机。

```
Switch(config)#spanning-tree vlan 1 priority?
  <0-61440>   bridge priority in increments of 4096
! 桥优先级范围是 0~61440,并且为 4096 的倍数
Switch(config)#spanning-tree vlan 1 priority 4096
Switch(config)#
```

稍等一会后,查看 Switch3 的生成树信息,发现 Switch3 已经成为根交换机,而且拓扑结构已经发生变化,如图 8-5 和图 8-6 所示。

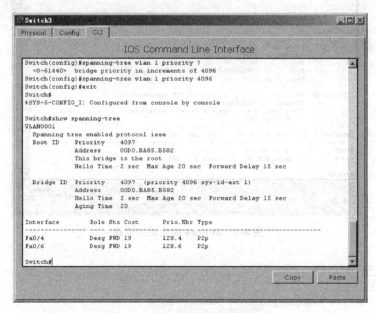

图 8-5　Switch3 的生成树信息

步骤 4：让交换机自动动态地调整自己的优先级为整个广播域最小,从而成为根交换机。

首先取消上述步骤设置的 Switch3 的优先级。

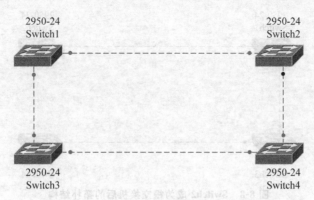

图 8-6 Switch3 成为根交换机后的拓扑结构

```
Switch(config)#no spanning-tree vlan 1 priority
Switch(config)#
```

然后，设置 Switch2 自动动态地调整自己的优先级为整个广播域最小。

```
Switch(config)#spanning-tree vlan 1 root primary
Switch(config)#
```

稍等一会后，查看 Switch2 的生成树信息，发现 Switch2 已经成为根交换机，而且拓扑结构已经发生变化，如图 8-7 和图 8-8 所示。

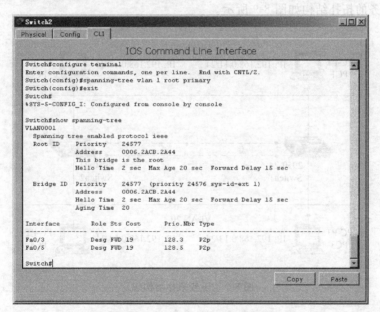

图 8-7 Switch2 的生成树信息

8.1.4 任务小结

（1）生成树协议根据 BID 值选举根交换机，进而产生相应的生成树。

（2）改变交换机的优先级，可以选举新的根交换机。

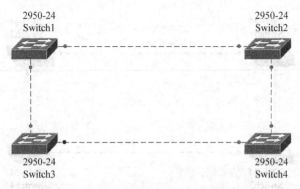

图 8-8　Switch2 成为根交换机后的拓扑结构

任务 2　生成树负载均衡的配置

8.2.1　任务描述

生成树协议与 VLAN 配合,可以提供链路负载均衡。

8.2.2　任务要求

(1) 任务的拓扑结构如图 8-9 所示。

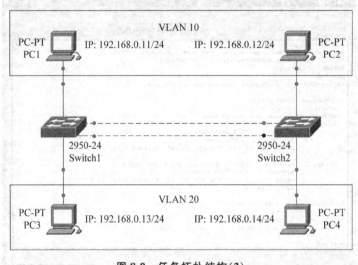

图 8-9　任务拓扑结构(2)

(2) 任务所需的设备类型、型号、数量等如表 8-3 所示。

表 8-3　设备类型、型号、数量和名称(2)

类　型	型　号	数　量	设备名称
二层交换机	2950-24	2	Switch1,Switch2
计算机	PC-PT	4	PC1,PC2,PC3,PC4

(3) 各设备的接口连接如表 8-4 所示。

表 8-4 设备接口连接(2)

设备接口 1	设备接口 2	线 缆 类 型
Switch1：FastEthernet0/23	Switch2：FastEthernet0/23	交叉线
Switch1：FastEthernet0/24	Switch2：FastEthernet0/24	交叉线
Switch1：FastEthernet0/1	PC1：FastEthernet0	直通线
Switch1：FastEthernet0/5	PC3：FastEthernet0	直通线
Switch2：FastEthernet0/1	PC2：FastEthernet0	直通线
Switch2：FastEthernet0/5	PC4：FastEthernet0	直通线

(4) 各节点的 IP 配置如表 8-5 所示。

表 8-5 节点 IP 配置(1)

节 点	IP 地址	默 认 网 关
PC1：FastEthernet0	192.168.0.11/24	
PC2：FastEthernet0	192.168.0.12/24	
PC3：FastEthernet0	192.168.0.13/24	
PC4：FastEthernet0	192.168.0.14/24	

(5) 交换机的 VLAN 规划如表 8-6 所示。

表 8-6 VLAN 规划(1)

交 换 机	VLAN 名称	端 口 范 围	VLAN 接口 IP 地址
Switch1,Switch2	VLAN10	1～4	
Switch1,Switch2	VLAN20	5～8	

(6) 在两台交换机上配置生成树协议，实现负载均衡，使得 VLAN10 的信息通过 FastEthernet0/23 的链路传输，VLAN20 的信息通过 FastEthernet0/24 的链路传输。

8.2.3 任务步骤

步骤 1：交换机 VLAN 规划。

分别对两台交换机进行相同的 VLAN 划分，以下是 Switch1 的配置过程，Switch2 的配置与之类似。

```
Switch(config)#hostname Switch1
Switch1(config)#vlan 10
Switch1(config-vlan)#exit
Switch1(config)#vlan 20
Switch1(config-vlan)#exit
Switch1(config)#interface range fastethernet 0/1-4
Switch1(config-if-range)#switchport access vlan 10
Switch1(config-if-range)#exit
Switch1(config)#interface range fastethernet 0/5-8
```

```
Switch1(config-if-range)#switchport access vlan 20
Switch1(config-if-range)#exit
Switch1(config)#
```

步骤 2：配置主干链路。

将两台交换机相连的线路配置为主干链路。以下是 Switch1 的配置过程，Switch2 的配置与之类似。

```
Switch1(config)#interface fastethernet 0/23
Switch1(config-if)#switchport mode trunk
Switch1(config-if)#exit
Switch1(config)#interface fastethernet 0/24
Switch1(config-if)#switchport mode trunk
Switch1(config-if)#exit
Switch1(config)#
```

步骤 3：配置根交换机。

分别将 Switch1 和 Switch2 配置成 VLAN10 和 VLAN20 的根交换机。将 Switch1 配置成 VLAN10 的根交换机。

```
Switch1(config)#spanning-tree vlan 10 root primary
Switch1(config)#
```

将 Switch2 配置成 VLAN20 的根交换机。

```
Switch2(config)#spanning-tree vlan 20 root primary
Switch2(config)#
```

步骤 4：查看生成树信息。

查看 Switch1 的生成树信息，发现 Switch1 作为 VLAN1 和 VLAN10 的根。

```
Switch1#show spanning-tree
VLAN0001
  Spanning tree enabled protocol ieee
  Root ID    Priority    32769
             Address     0002.4A83.94D1
             This bridge is the root
             Hello Time  2 sec  Max Age 20 sec  Forward Delay 15 sec

  Bridge ID  Priority    32769   (priority 32768 sys-id-ext 1)
             Address     0002.4A83.94D1
             Hello Time  2 sec  Max Age 20 sec  Forward Delay 15 sec
             Aging Time  20

Interface        Role Sts Cost      Prio.Nbr Type
----------------------------------------------------------------
Fa0/23           Desg FWD 19        128.23   P2p
Fa0/24           Desg FWD 19        128.24   P2p


VLAN0010
```

```
  Spanning tree enabled protocol ieee
  Root ID    Priority    24586
             Address     0002.4A83.94D1
             This bridge is the root
             Hello Time  2 sec  Max Age 20 sec  Forward Delay 15 sec

  Bridge ID  Priority    24586   (priority 24576 sys-id-ext 10)
             Address     0002.4A83.94D1
             Hello Time  2 sec  Max Age 20 sec  Forward Delay 15 sec
             Aging Time  20

Interface       Role Sts Cost      Prio.Nbr Type
--------------------------------------------------------------
Fa0/1           Desg FWD 19        128.1    P2p
Fa0/23          Desg FWD 19        128.23   P2p
Fa0/24          Desg FWD 19        128.24   P2p


VLAN0020
  Spanning tree enabled protocol ieee
  Root ID    Priority    24596
             Address     0060.709A.1228
             Cost        19
             Port        23(FastEthernet0/23)
             Hello Time  2 sec  Max Age 20 sec  Forward Delay 15 sec

  Bridge ID  Priority    32788   (priority 32768 sys-id-ext 20)
             Address     0002.4A83.94D1
             Hello Time  2 sec  Max Age 20 sec  Forward Delay 15 sec
             Aging Time  20

Interface       Role Sts Cost      Prio.Nbr Type
--------------------------------------------------------------
Fa0/5           Desg FWD 19        128.5    P2p
Fa0/23          Root FWD 19        128.23   P2p
Fa0/24          Altn BLK 19        128.24   P2p

Switch1#
```

查看 Switch2 的生成树信息,发现 Switch2 作为 VLAN20 的根。

```
Switch2# show spanning-tree
VLAN0001
  Spanning tree enabled protocol ieee
  Root ID    Priority    32769
             Address     0002.4A83.94D1
             Cost        19
             Port        23(FastEthernet0/23)
             Hello Time  2 sec  Max Age 20 sec  Forward Delay 15 sec
```

```
           Bridge ID  Priority    32769  (priority 32768 sys-id-ext 1)
                      Address     0060.709A.1228
                      Hello Time  2 sec  Max Age 20 sec  Forward Delay 15 sec
                      Aging Time  20

Interface        Role Sts Cost      Prio.Nbr Type
-------------------------------------------------------------
Fa0/23           Root FWD 19        128.23   P2p
Fa0/24           Altn BLK 19        128.24   P2p


VLAN0010
  Spanning tree enabled protocol ieee
  Root ID    Priority    24586
             Address     0002.4A83.94D1
             Cost        19
             Port        23(FastEthernet0/23)
             Hello Time  2 sec  Max Age 20 sec  Forward Delay 15 sec

  Bridge ID  Priority    32778  (priority 32768 sys-id-ext 10)
             Address     0060.709A.1228
             Hello Time  2 sec  Max Age 20 sec  Forward Delay 15 sec
             Aging Time  20

Interface        Role Sts Cost      Prio.Nbr Type
-------------------------------------------------------------
Fa0/1            Desg FWD 19        128.1    P2p
Fa0/23           Root FWD 19        128.23   P2p
Fa0/24           Altn BLK 19        128.24   P2p


VLAN0020
  Spanning tree enabled protocol ieee
  Root ID    Priority    24596
             Address     0060.709A.1228
             This bridge is the root
             Hello Time  2 sec  Max Age 20 sec  Forward Delay 15 sec

  Bridge ID  Priority    24596  (priority 24576 sys-id-ext 20)
             Address     0060.709A.1228
             Hello Time  2 sec  Max Age 20 sec  Forward Delay 15 sec
             Aging Time  20

Interface        Role Sts Cost      Prio.Nbr Type
-------------------------------------------------------------
Fa0/5            Desg FWD 19        128.5    P2p
Fa0/23           Desg FWD 19        128.23   P2p
Fa0/24           Desg FWD 19        128.24   P2p

Switch2#
```

项目8 交换机的冗余链路

配置负载均衡后的拓扑结构如图 8-10 所示。

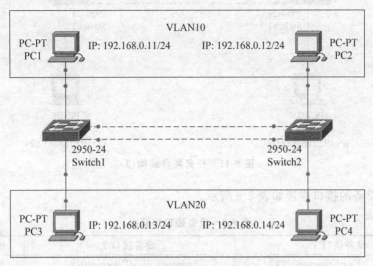

图 8-10 配置负载均衡后的拓扑结构

8.2.4 任务小结

生成树协议与 VLAN 配合可以提供链路负载均衡,实现多条链路同时工作,在一定程度上实现了网络带宽扩容,提升了网络速率。

任务 3 链路聚合的配置

8.3.1 任务描述

链路聚合又称端口汇聚,是指在物理上将两台交换机之间的两个或多个端口连接起来,将多条链路聚合成一条逻辑链路,从而增大链路带宽,解决交换网络中因带宽引起的网络速率瓶颈问题。多条物理链路之间能够互相冗余备份,其中任意一条链路断开,不会影响其他链路正常工作。

8.3.2 任务要求

(1) 任务的拓扑结构如图 8-11 所示。
(2) 任务所需的设备类型、型号、数量等如表 8-7 所示。

表 8-7 设备类型、型号、数量和名称(3)

类 型	型 号	数 量	设备名称
二层交换机	2950-24	2	Switch1,Switch2
计算机	PC-PT	2	PC1,PC2

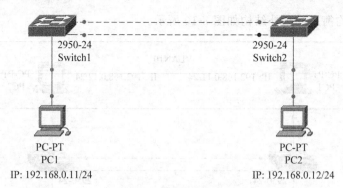

图 8-11 任务拓扑结构(3)

(3) 各设备的接口连接如表 8-8 所示。

表 8-8 设备接口连接(3)

设备接口 1	设备接口 2	线 缆 类 型
Switch1：FastEthernet0/23	Switch2：FastEthernet0/23	交叉线
Switch1：FastEthernet0/24	Switch2：FastEthernet0/24	交叉线
Switch1：FastEthernet0/1	PC1：FastEthernet0	直通线
Switch2：FastEthernet0/1	PC2：FastEthernet0	直通线

(4) 各节点的 IP 配置如表 8-9 所示。

表 8-9 节点 IP 配置(2)

节　　点	IP 地址	默 认 网 关
PC1：FastEthernet0	192.168.0.11/24	
PC2：FastEthernet0	192.168.0.12/24	

(5) 设置两台交换机的接口 FastEthernet0/23-24 为端口汇聚,实现链路聚合功能。

8.3.3　任务步骤

步骤 1：配置链路聚合。

设置交换机接口 FastEthernet0/23-24 为端口汇聚,实现链路聚合功能。以交换机 Switch1 为例,配置过程如下所述。交换机 Switch2 的配置过程与之类似。

```
Switch(config)#hostname Switch1
Switch1(config)#interface port-channel 1
!创建链路聚合组 1
Switch1(config-if)#switchport mode trunk
!配置链路聚合组 1 模式为 Trunk
Switch1(config-if)#exit
Switch1(config)#interface range fastethernet 0/23-24
Switch1(config-if-range)#channel-group 1 mode on
!启用交换机的接口 FastEthernet 0/23-24 的链路聚合功能
Switch1(config-if-range)#exit
Switch1(config)#
```

步骤2：查看链路聚合组信息。

查看交换机链路聚合组的信息，是在特权模式下使用命令 show etherchannel summary 实现的，如图 8-12 所示。

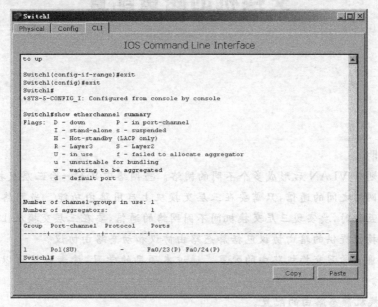

图 8-12　交换机的链路聚合组信息

步骤3：任务测试。

完成以上配置，再次检查网络拓扑图可以发现，交换机互联的两条链路的标记都是绿色的，如图 8-13 所示。当交换机之间的一条链路断开时，PC1 与 PC2 仍能互相通信。

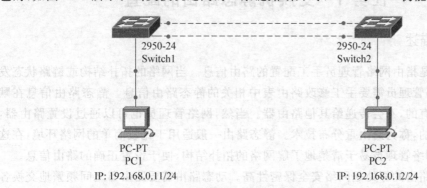

图 8-13　任务拓扑结构（4）

8.3.4　任务小结

（1）在设置交换机的端口汇聚时，应选择偶数个接口，如 2 个、4 个、8 个等。
（2）选择的接口必须是连续的。
（3）端口汇聚组应设置成 Trunk 模式。

项目 9

交换机的路由配置

Project 9

项目说明

交换机划分 VLAN 后形成多个不同的网络。当网络中只有一台三层交换机存在时，要实现不同网络之间的通信，只需要在三层交换机上启用路由功能。当网络中存在多台三层交换机互联时，要实现三层交换机间不同网络的通信，要在三层交换机上配置路由协议。三层交换机提供的路由协议包括静态路由协议和动态路由协议。

本项目重点学习交换机路由的配置。通过本项目的学习，读者将获得以下三个方面的学习成果。

(1) 交换机静态路由的配置。

(2) 交换机动态路由协议 RIP 的配置。

(3) 交换机动态路由协议 OSPF 的配置。

任务 1 交换机静态路由的配置

9.1.1 任务描述

静态路由是指由网络管理员手工配置的路由信息。当网络的拓扑结构或链路状态发生变化时，网络管理员需要手工修改路由表中相关的静态路由信息。静态路由信息在默认情况下是私有的，不会传递给其他路由器。当然，网络管理员也可以通过设置路由器，使之成为共享的，称为路由重分布技术。静态路由一般适用于比较简单的网络环境，在这样的环境中，网络管理员易于清楚地了解网络的拓扑结构，便于设置正确的路由信息。

使用静态路由的好处是网络安全保密性高。动态路由需要路由器之间频繁地交换各自的路由表，对路由表的分析可以揭示网络拓扑结构和网络地址等信息。

大型和复杂的网络环境通常不宜采用静态路由。一方面，网络管理员难以全面地了解整个网络的拓扑结构；另一方面，当网络的拓扑结构和链路状态发生变化时，路由器中的静态路由信息需要大范围地调整，这一工作的难度和复杂程度非常高。

9.1.2 任务要求

(1) 任务的拓扑结构如图 9-1 所示。

项目9 交换机的路由配置

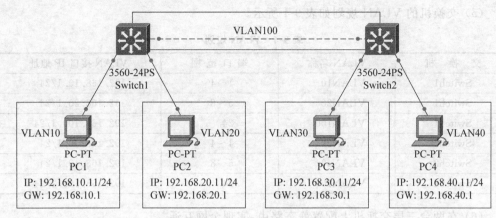

图 9-1 任务拓扑结构

（2）任务所需的设备类型、型号、数量等如表 9-1 所示。

表 9-1 设备类型、型号、数量和名称

类 型	型 号	数 量	设备名称
三层交换机	3560-24PS	2	Switch1,Switch2
计算机	PC-PT	4	PC1,PC2,PC3,PC4

（3）各设备的接口连接如表 9-2 所示。

表 9-2 设备接口连接

设备接口 1	设备接口 2	线 缆 类 型
Switch1：FastEthernet0/24	Switch2：FastEthernet0/24	交叉线
Switch1：FastEthernet0/1	PC1：FastEthernet0	直通线
Switch1：FastEthernet0/5	PC2：FastEthernet0	直通线
Switch2：FastEthernet0/1	PC3：FastEthernet0	直通线
Switch2：FastEthernet0/5	PC4：FastEthernet0	直通线

（4）各节点的 IP 配置如表 9-3 所示。

表 9-3 节点 IP 配置

节 点	IP 地址	默认网关
PC1：FastEthernet0	192.168.10.11/24	192.168.10.1
PC2：FastEthernet0	192.168.20.11/24	192.168.20.1
PC3：FastEthernet0	192.168.30.11/24	192.168.30.1
PC4：FastEthernet0	192.168.40.11/24	192.168.40.1

(5) 交换机的 VLAN 规划如表 9-4 所示。

表 9-4　VLAN 规划

交换机	VLAN 名称	端口范围	VLAN 接口 IP 地址
Switch1	VLAN10	1~4	192.168.10.1/24
Switch1	VLAN20	5~8	192.168.20.1/24
Switch1	VLAN100	24	192.168.100.1/24
Switch2	VLAN30	1~4	192.168.30.1/24
Switch2	VLAN40	5~8	192.168.40.1/24
Switch2	VLAN100	24	192.168.100.2/24

(6) 在两台三层交换机上配置静态路由，实现全网互通。

9.1.3　任务步骤

步骤1：交换机的基本配置。

为两台交换机按要求分别划分 VLAN，分配端口，并设置 VLAN 接口的 IP 地址，最后启用交换机的路由功能。

以下是 Switch1 的配置过程。

```
Switch(config)#hostname Switch1
Switch1(config)#vlan 10
Switch1(config-vlan)#exit
Switch1(config)#vlan 20
Switch1(config-vlan)#exit
Switch1(config)#vlan 100
Switch1(config-vlan)#exit
Switch1(config)#interface range fastethernet 0/1-4
Switch1(config-if-range)#switchport access vlan 10
Switch1(config-if-range)#exit
Switch1(config)#interface range fastethernet 0/5-8
Switch1(config-if-range)#switchport access vlan 20
Switch1(config-if-range)#exit
Switch1(config)#interface fastethernet 0/24
Switch1(config-if)#switchport access vlan 100
Switch1(config-if)#exit
Switch1(config)#interface vlan 10
Switch1(config-if)#ip address 192.168.10.1 255.255.255.0
Switch1(config-if)#no shutdown
Switch1(config-if)#exit
Switch1(config)#interface vlan 20
Switch1(config-if)#ip address 192.168.20.1 255.255.255.0
Switch1(config-if)#no shutdown
Switch1(config-if)#exit
Switch1(config)#interface vlan 100
Switch1(config-if)#ip address 192.168.100.1 255.255.255.0
Switch1(config-if)#no shutdown
Switch1(config-if)#exit
Switch1(config)#ip routing
```

Switch1(config)#

以下是 Switch2 的配置过程。

```
Switch(config)#hostname Switch2
Switch2(config)#vlan 30
Switch2(config-vlan)#exit
Switch2(config)#vlan 40
Switch2(config-vlan)#exit
Switch2(config)#vlan 100
Switch2(config-vlan)#exit
Switch2(config)#interface range fastethernet 0/1 - 4
Switch2(config-if-range)#switchport access vlan 30
Switch2(config-if-range)#exit
Switch2(config)#interface range fastethernet 0/5 - 8
Switch2(config-if-range)#switchport access vlan 40
Switch2(config-if-range)#exit
Switch2(config)#interface fastethernet 0/24
Switch2(config-if)#switchport access vlan 100
Switch2(config-if)#exit
Switch2(config)#interface vlan 30
Switch2(config-if)#ip address 192.168.30.1 255.255.255.0
Switch2(config-if)#no shutdown
Switch2(config-if)#exit
Switch2(config)#interface vlan 40
Switch2(config-if)#ip address 192.168.40.1 255.255.255.0
Switch2(config-if)#no shutdown
Switch2(config-if)#exit
Switch2(config)#interface vlan 100
Switch2(config-if)#ip address 192.168.100.2 255.255.255.0
Switch2(config-if)#no shutdown
Switch2(config-if)#exit
Switch2(config)#ip routing
Switch2(config)#
```

提示：由于本项目中 3 个任务的拓扑结构完全一致，因此，在完成任务 1 的步骤 1 的配置后，执行命令 write 保存步骤 1 的配置，再保存 PKT 文件。当完成任务 1 的全部操作步骤后，重新打开 PKT 文件，就可以在其他任务中直接执行步骤 2 的操作。

步骤 2：测试计算机之间的连通性。

在 PC1 中的命令提示符窗口，使用命令 ping 测试与其他 3 台 PC 的连通性，结果如表 9-5 所示。

表 9-5 计算机之间的连通性测试结果

ping	PC1	PC2	PC3	PC4
PC1	—	连通	不通	不通
PC2	连通	—	不通	不通
PC3	不通	不通	—	连通
PC4	不通	不通	连通	—

步骤3：配置静态路由，实现全网互通。

交换机静态路由是在全局模式下使用命令 ip route 配置。对于交换机没有直连的网络，都要添加静态路由。

交换机 Switch2 的 VLAN30 和 VLAN40 都不是 Switch1 的直连网络，因此，在交换机 Switch1 要对这两个网络添加相应的静态路由，其下一跳地址为交换机相连的对端 VLAN100 的接口 IP 地址(192.168.100.2/24)。

交换机 Switch1 配置过程如下所述。

```
Switch1(config)#ip route 192.168.30.0 255.255.255.0 192.168.100.2
! 去往网络 192.168.30.0/24 的下一跳 IP 地址为 192.168.100.2
Switch1(config)#ip route 192.168.40.0 255.255.255.0 192.168.100.2
Switch1(config)#
```

交换机 Switch1 的 VLAN10 和 VLAN20 都不是 Switch2 的直连网络，因此，在交换机 Switch2 要对这两个网络添加相应的静态路由，其下一跳地址为交换机相连的对端 VLAN100 的接口 IP 地址(192.168.100.1/24)。

交换机 Switch2 配置过程如下所述。

```
Switch2(config)#ip route 192.168.10.0 255.255.255.0 192.168.100.1
Switch2(config)#ip route 192.168.20.0 255.255.255.0 192.168.100.1
Switch2(config)#
```

步骤4：查看路由表。

交换机的静态路由配置完成后，可以通过查看交换机路由表的方法查看配置是否成功。路由表是在特权模式下通过命令 show ip route 来查看。图 9-2 所示是在交换机 Switch1 上查看到的路由表。

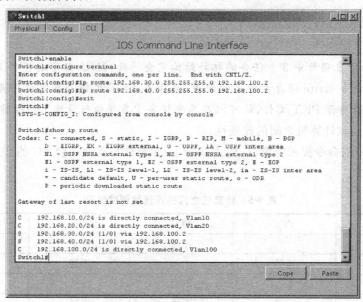

图 9-2　交换机的静态路由

步骤5：测试计算机之间的连通性。

在测试时，刚开始是不通的，后来是连通的，原因是静态路由有个生效过程。在PC1中的命令提示符窗口，使用命令ping测试与其他3台PC的连通性，结果如表9-6所示。

表9-6 计算机之间的连通性测试结果

ping	PC1	PC2	PC3	PC4
PC1	—	连通	连通	连通
PC2	连通	—	连通	连通
PC3	连通	连通	—	连通
PC4	连通	连通	连通	—

9.1.4 任务小结

（1）当网络上存在两台或多台交换机，且交换机上划分了多个不同的VLAN时，要实现全网互通，采用在三层交换机添加静态路由的方法。

（2）添加静态路由要注意：目的网络是本交换机未直连的网络；下一跳地址为交换机相连的对端VLAN100的接口IP地址；所有计算机均要设置相应的默认网关。

任务2 交换机动态路由协议RIP的配置

9.2.1 任务描述

路由信息协议(routing information protocol，RIP)是动态路由协议的一种，基于距离矢量算法(distance-vector)，总是按最短的路由做出相同的选择。运行这种协议的网络设备只关心自己周围的世界，只与相邻的路由器交换信息，范围限制在15跳(15度)之内，再远就不关心了(目的网络不可达)。

交换机开启RIP协议后，对外发送RIP协议的广播报文。报文信息来自本地路由表，只有对端设备也开启了RIP协议，两台设备才能互相学习，知道对方连接了什么网络，从而更新自身的路由表，实现路由寻址和报文转发功能。

9.2.2 任务要求

（1）本任务的拓扑结构等均与任务1一致。
（2）在两台交换机上配置动态路由RIP协议实现全网互通。

9.2.3 任务步骤

步骤1：交换机的基本配置和测试计算机之间的连通性。
该步骤与任务1操作过程一致。
步骤2：配置动态路由RIP协议，实现全网互通。
目前，RIP协议主要有两个版本：RIP v1和RIP v2。它们的启用方法类似。目前比较流行是使用 RIP v2 版本。启用 RIP 协议并使用对应版本的命令如下所示：

```
Switch(config)# router rip
! 启用动态路由 RIP 协议的路由进程
Switch(config-router)# version 1
! 使用 RIP v1 版本的 RIP 协议
Switch(config-router)# version 2
! 使用 RIP v2 版本的 RIP 协议
```

如果要使用 RIP 协议实现网络互联，互联的两台设备必须使用同一版本的 RIP 协议；否则，设备之间不能互相学习。

开启 RIP 协议之后，还要宣告本设备的所有直连路由信息。以交换机 Switch1 为例，首先，查看本设备的直连路由信息。

```
Switch1# show ip route
Codes: C-connected, S-static, I-IGRP, R-RIP, M-mobile, B-BGP
       D-EIGRP, EX-EIGRP external, O-OSPF, IA-OSPF inter area
       N1-OSPF NSSA external type 1, N2-OSPF NSSA external type 2
       E1-OSPF external type 1, E2-OSPF external type 2, E-EGP
       i-IS-IS, L1-IS-IS level-1, L2-IS-IS level-2, ia-IS-IS inter area
       *-candidate default, U-per-user static route, o-ODR
       P-periodic downloaded static route

Gateway of last resort is not set

C    192.168.10.0/24 is directly connected, Vlan10
C    192.168.20.0/24 is directly connected, Vlan20
C    192.168.100.0/24 is directly connected, Vlan100
Switch1#
```

通过路由表知道，目前本设备只有 3 个直连网络，所以在配置 RIP 协议时，需要宣告这 3 个网络。在交换机 Switch1 上执行如下配置命令。

```
Switch1(config)# router rip
Switch1(config-router)# version 2
Switch1(config-router)# network 192.168.10.0
! 对外宣告的本交换机所直连网络的网络地址为 192.168.10.0
Switch1(config-router)# network 192.168.20.0
Switch1(config-router)# network 192.168.100.0
Switch1(config-router)# exit
Switch1(config)#
```

同理，在交换机 Switch2 上执行如下配置命令。

```
Switch2(config)# router rip
Switch2(config-router)# version 2
Switch2(config-router)# network 192.168.30.0
Switch2(config-router)# network 192.168.40.0
Switch2(config-router)# network 192.168.100.0
Switch2(config-router)# exit
```

```
Switch2(config)#
```

步骤3：查看路由表信息。

交换机开启 RIP 协议后，交换机之间互相学习，并自动更新自身的路由表。因此，稍等几秒钟后，在任意一台交换机上查看路由表，发现路由表多了以"R"标记的路由条目项，这些就是交换机通过 RIP 协议学习到的路由条目项，如图 9-3 所示。

图 9-3　交换机的动态路由 RIP 协议

步骤4：测试计算机之间的连通性。

该步骤与任务1对应的步骤操作过程一致。

9.2.4　任务小结

(1) 动态路由 RIP 协议的配置方法比静态路由更加简单、快捷，而且不容易出错，维护更加方便。

(2) 配置动态路由 RIP 协议时应注意：互联的网络设备都必须开启 RIP 协议；必须启用同一版本的 RIP 协议；宣告本设备的所有直连路由信息。

任务3　交换机动态路由协议 OSPF 的配置

9.3.1　任务描述

开放最短路径优先（open shortest path First，OSPF）协议是一个内部网关协议（interior gateway protocol，IGP），用于在单一自治系统（autonomous system，AS）内决策路由。与 RIP 协议不同，OSPF 协议是链路状态路由协议的一种。

链路是路由器接口的另一种说法，因此 OSPF 也称为接口状态路由协议。OSPF 协议通过路由器之间通告网络接口的状态来建立链路状态数据库，生成最短路径优先树。每台运行 OSPF 协议的路由器使用最短路径优先树构造路由表。OSPF 协议不仅能计算两个网络节点之间的最短路径，而且能计算通信费用，还可根据网络用户的要求来平衡费用和性能，以选择相应的路由。

9.3.2 任务要求

(1) 本任务的拓扑结构等均与任务 1 一致。
(2) 在两台交换机上配置动态路由 OSPF 协议，实现全网互通。

9.3.3 任务步骤

步骤 1：交换机的基本配置和测试计算机之间的连通性。

该步骤与任务 1 操作过程一致。

步骤 2：配置动态路由 OSPF 协议，实现全网互通。

与使用 RIP 路由协议一样，互联的两台交换机之间都必须运行 OSPF 路由协议，才能相互学习。

在使用 OSPF 协议宣告网络的时候，跟 RIP 协议一样，将所有直连网络都宣告在 OSPF 路由协议中。由于 OPSF 是分区域管理的，在没有要求区域划分的时候，可以把所有网络都归属于 Area 0(区域 0)。以本任务中的交换机 Switch1 为例，其直连了 3 个网络，只需要宣告这 3 个网络即可。在交换机 Switch1 上执行如下配置命令。

```
Switch1(config)#router ospf 1
!启用动态路由 OSPF 协议的路由进程，进程号为 1
Switch1(config-router)#network 192.168.10.0 255.255.255.0 area 0
!对外宣告的本网络设备直连网络的网络地址为 192.168.10.0,反掩码为 255.255.255.0,OSPF
区域号为 0
Switch1(config-router)#network 192.168.20.0 255.255.255.0 area 0
Switch1(config-router)#network 192.168.100.0 255.255.255.0 area 0
Switch1(config-router)#exit
Switch1(config)#
```

同理，在交换机 Switch2 上执行如下配置命令。

```
Switch2(config)#router ospf 1
Switch2(config-router)#network 192.168.30.0 255.255.255.0 area 0
Switch2(config-router)#network 192.168.40.0 255.255.255.0 area 0
Switch2(config-router)#network 192.168.100.0 255.255.255.0 area 0
Switch2(config-router)#exit
Switch2(config)#
```

步骤 3：查看路由表信息。

交换机开启 OSPF 协议后，交换机之间互相学习，并自动更新自身的路由表。因此，稍等几秒钟后，在任意一台交换机上查看路由表，发现路由表多了以"O"标记的路由条目项。这些就是交换机通过 OSPF 协议学习到的路由条目项，如图 9-4 所示。

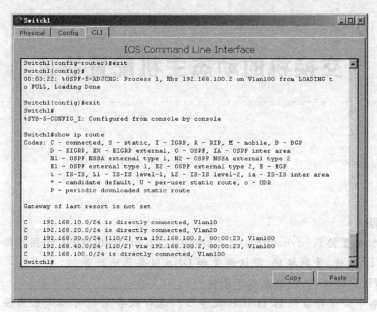

图 9-4 交换机的动态路由 OSPF 协议

步骤 4：测试计算机之间的连通性。

该步骤与任务 1 对应的步骤操作过程一致。

9.3.4 任务小结

（1）路由动态 OSPF 协议与 RIP 协议一样，维护起来都比使用静态路由简单、方便得多，而且 OSPF 协议比 RIP 协议更适合于大型的、复杂的网络。

（2）配置动态路由 OSPF 协议时应注意：互联的网络设备都必须开启 OSPF 协议；在相应的网络接口配置所属 OSPF 区域；至少要有一个 OSPF 骨干域（0 域）存在；所有非 0 域只能通过 0 域与其他非 0 域相连，不允许非 0 域直接相连。

项目 10
交换机的动态主机配置协议

项目说明

动态主机配置协议(dynamic host configuration protocol,DHCP)用于给网络中的节点动态分配 IP 地址、子网掩码、默认网关和 DNS 服务器地址等。

应用 DHCP 协议,必须满足以下条件:

(1) 网络中必须存在一台 DHCP 服务器。这台服务器既可以是采用服务器版网络操作系统的计算机,也可以是三层交换机或路由器。

(2) 客户端要设置为"自动获得 IP 地址"的方式,才能正常获取 DHCP 服务器提供的 IP 地址。

(3) 在多网段的网络中,DHCP 报文必须通过 DHCP 中继才能传递给客户端。

本项目重点学习动态主机配置协议。通过本项目的学习,读者将获得以下两个方面的学习成果。

(1) DHCP 服务的配置。
(2) DHCP 中继的配置。

任务 1 DHCP 服务的配置

10.1.1 任务描述

大型网络一般都采用 DHCP 协议作为 IP 配置分配的方法。为了方便管理和节约成本,一般将三层交换机配置为 DHCP 服务器。

10.1.2 任务要求

(1) 任务的拓扑结构如图 10-1 所示。
(2) 任务所需的设备类型、型号、数量等如表 10-1 所示。

表 10-1 设备类型、型号、数量和名称(1)

类 型	型 号	数 量	设备名称
三层交换机	3560-24PS	1	DHCP-Server
计算机	PC-PT	4	PC1,PC2,PC3,PC4

项目10 交换机的动态主机配置协议

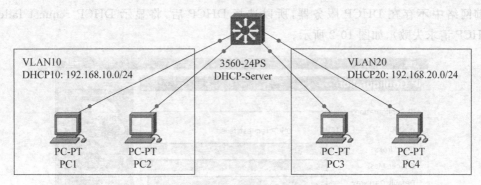

图 10-1 任务拓扑结构(1)

(3) 各设备的接口连接如表 10-2 所示。

表 10-2 设备接口连接(1)

设备接口 1	设备接口 2	线 缆 类 型
DHCP-Server：FastEthernet0/1	PC1：FastEthernet0	直通线
DHCP-Server：FastEthernet0/2	PC2：FastEthernet0	直通线
DHCP-Server：FastEthernet0/5	PC3：FastEthernet0	直通线
DHCP-Server：FastEthernet0/6	PC4：FastEthernet0	直通线

(4) 交换机的 VLAN 规划如表 10-3 所示。

表 10-3 VLAN 规划(1)

交 换 机	VLAN 名称	端 口 范 围	VLAN 接口 IP 地址
DHCP-Server	VLAN10	1～4	192.168.10.1/24
DHCP-Server	VLAN20	5～8	192.168.20.1/24

(5) 开启 DHCP 服务，使连接在交换机上的不同 VLAN 的计算机获得相应的 IP 地址、子网掩码、默认网关和 DNS 服务器地址等 IP 配置，实现全网互通。DHCP 服务参数如表 10-4 所示。

表 10-4 DHCP 服务参数(1)

地址池	地址范围	默认网关	DNS 服务器	排 除 范 围
DHCP10	192.168.10.0/24	192.168.10.1	192.168.10.1	192.168.10.1～192.168.10.10
DHCP20	192.168.20.0/24	192.168.20.1	192.168.20.1	192.168.20.1～192.168.20.10

10.1.3 任务步骤

步骤 1：检查计算机的 IP 配置。

通过 PC 的 Desktop→IP Configuration 工具查看当前计算机的 IP 配置信息。由于当前网络中不存在 DHCP 服务器，所以选择 DHCP 后，将显示 DHCP request failed.（DHCP 请求失败），如图 10-2 所示。

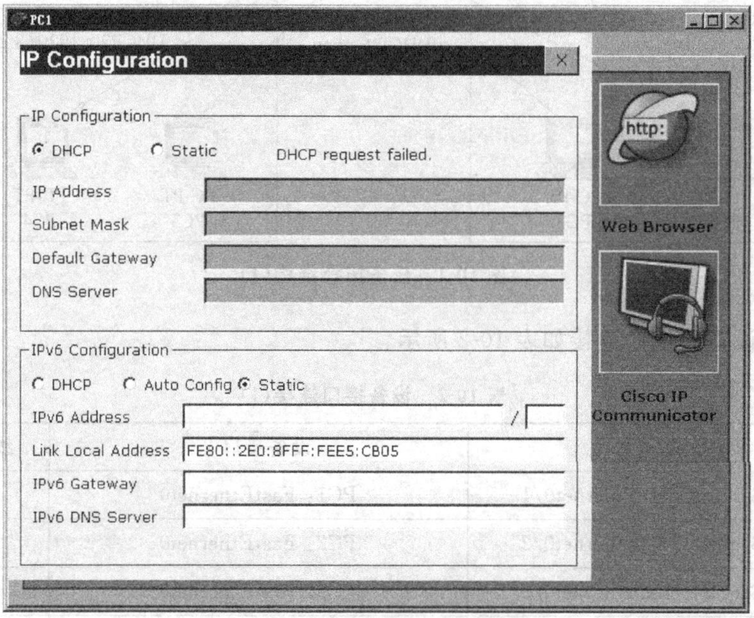

图 10-2　DHCP 请求失败

步骤 2：交换机的基本配置。

交换机的基本配置包括 VLAN 的创建与端口划分、VLAN 接口 IP 地址配置、路由功能启用等。

```
Switch(config)#hostname DHCP-Server
DHCP-Server(config)#vlan 10
DHCP-Server(config-vlan)#exit
DHCP-Server(config)#vlan 20
DHCP-Server(config-vlan)#exit
DHCP-Server(config)#interface range fastethernet 0/1-4
DHCP-Server(config-if-range)#switchport mode access
DHCP-Server(config-if-range)#switchport access vlan 10
DHCP-Server(config-if-range)#exit
DHCP-Server(config)#interface range fastethernet 0/5-8
DHCP-Server(config-if-range)#switchport mode access
DHCP-Server(config-if-range)#switchport access vlan 20
DHCP-Server(config-if-range)#exit
DHCP-Server(config)#interface vlan 10
DHCP-Server(config-if)#ip address 192.168.10.1 255.255.255.0
DHCP-Server(config-if)#no shutdown
DHCP-Server(config-if)#exit
DHCP-Server(config)#interface vlan 20
DHCP-Server(config-if)#ip address 192.168.20.1 255.255.255.0
```

```
DHCP-Server(config-if)#no shutdown
DHCP-Server(config-if)#exit
DHCP-Server(config)#ip routing
DHCP-Server(config)#
```

步骤 3：配置交换机的 DHCP 服务。

在 Cisco Packet Tracer 中，交换机的 DHCP 服务默认是启用的。但是在一些真实交换机上的 DHCP 服务默认是不启用的。所以在 Cisco Packet Tracer 中，只需设置 DHCP 的具体参数。为了实现两个 VLAN 所连的计算机分别获取不同网段的 IP 地址，需要配置两个 DHCP 地址池。

```
DHCP-Server(config)#ip dhcp pool DHCP10
! 创建名为 DHCP10 的 DHCP 地址池
DHCP-Server(dhcp-config)#network 192.168.10.0 255.255.255.0
! 该 DHCP 地址池的地址分配范围是 192.168.10.0/24
DHCP-Server(dhcp-config)#default-router 192.168.10.1
! 该 DHCP 地址池的默认网关是 192.168.10.1
DHCP-Server(dhcp-config)#dns-server 192.168.10.1
! 该 DHCP 地址池的 DNS 服务器是 192.168.10.1
DHCP-Server(dhcp-config)#exit
DHCP-Server(config)#ip dhcp pool DHCP20
DHCP-Server(dhcp-config)#network 192.168.20.0 255.255.255.0
DHCP-Server(dhcp-config)#default-router 192.168.20.1
DHCP-Server(dhcp-config)#dns-server 192.168.20.1
DHCP-Server(dhcp-config)#exit
DHCP-Server(config)#
```

步骤 4：设置保留的 IP 地址。

在配置 DHCP 服务时，有时候需要保留部分 IP 地址以固定分配的方式分配给服务器或网络设备。例如，在本任务中，交换机两个 VLAN 的接口 IP 地址就是固定分配的。这些作为保留的 IP 地址不能再以 DHCP 的方式分配出去。

在本任务中，需要对 192.168.10/24 和 192.168.20.0/24 网段分别保留前 10 个 IP 地址。具体操作如下所示。

```
DHCP-Server(config)#ip dhcp excluded-address 192.168.10.1 192.168.10.10
DHCP-Server(config)#ip dhcp excluded-address 192.168.20.1 192.168.20.10
DHCP-Server(config)#
```

步骤 5：验证 DHCP 服务。

再次打开 PC 的 Desktop→IP Configuration 工具查看当前计算机的 IP 配置信息。由于当前网络中已存在 DHCP 服务器，所以选择 DHCP 后，将显示 DHCP request successful. (DHCP 请求成功)，如图 10-3 所示。

在交换机的特权模式执行命令 show ip dhcp binding，显示当前 DHCP 服务的情况，如图 10-4 所示。

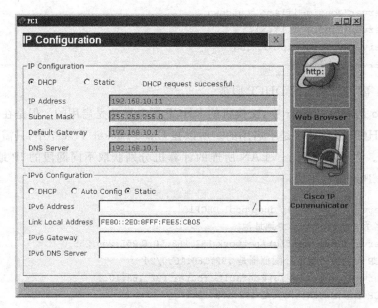

图 10-3 DHCP 请求成功(1)

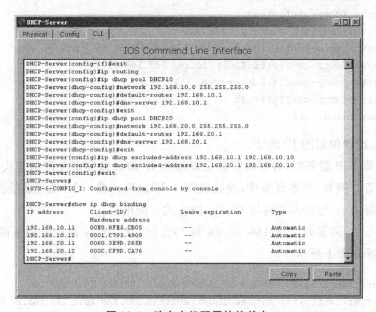

图 10-4 动态主机配置协议状态

配置完成后,交换机的运行配置文件如图 10-5 所示。

10.1.4 任务小结

三层交换机开启 DHCP 服务,可以使连接到该三层交换机的计算机获取 IP 地址、子网掩码、默认网关和 DNS 服务器地址等 IP 配置。当一个网络中计算机数量庞大时,使用 DHCP 服务,可以很方便地为每一台计算机设置相应的 IP 配置。

项目10 交换机的动态主机配置协议

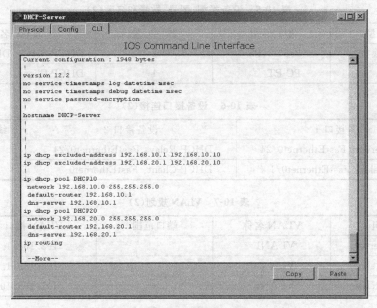

图 10-5 交换机运行配置文件

任务 2 DHCP 中继的配置

10.2.1 任务描述

当 DHCP 客户端和 DHCP 服务器不在同一个网段时,由 DHCP 中继服务器传递 DHCP 报文。增加 DHCP 中继功能的好处是不必为每个网段都设置 DHCP 服务器,同一个 DHCP 服务器可以为很多个子网的客户端提供网络配置参数,既节约成本,又方便管理。这就是 DHCP 中继的功能。

10.2.2 任务要求

(1) 任务的拓扑结构如图 10-6 所示。

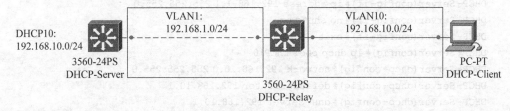

图 10-6 任务拓扑结构(2)

(2) 任务所需的设备类型、型号、数量等如表 10-5 所示。
(3) 各设备的接口连接如表 10-6 所示。
(4) 交换机的 VLAN 规划如表 10-7 所示。

表 10-5 设备类型、型号、数量和名称(2)

类　　型	型　　号	数　　量	设 备 名 称
三层交换机	3560-24PS	2	DHCP-Server，DHCP-Relay
计算机	PC-PT	1	DHCP-Client

表 10-6 设备接口连接(2)

设备接口 1	设备接口 2	线 缆 类 型
DHCP-Server：FastEthernet0/24	DHCP-Relay：FastEthernet0/24	交叉线
DHCP-Relay：FastEthernet0/1	DHCP-Client：FastEthernet0	直通线

表 10-7 VLAN 规划(2)

交换机	VLAN 名称	端口范围	VLAN 接口 IP 地址
DHCP-Server	VLAN1		192.168.1.1/24
DHCP-Relay	VLAN1		192.168.1.2/24
DHCP-Relay	VLAN10	1	192.168.10.1/24

(5) 在 DHCP 服务器配置 DHCP 服务,在 DHCP 中继服务器配置 DHCP 中继,使得 DHCP 客户端通过 DHCP 中继服务器获取 DHCP 服务器分配的 IP 地址、子网掩码、默认网关和 DNS 服务器地址等 IP 配置,如表 10-8 所示。

表 10-8 DHCP 服务参数(2)

地址池	地址范围	默认网关	DNS 服务器	排 除 范 围
DHCP10	192.168.10.0/24	192.168.10.1	192.168.10.1	192.168.10.1~192.168.10.10

10.2.3 任务步骤

步骤 1:配置 DHCP 服务器。

DHCP 服务器的配置包括交换机重命名、VLAN1 接口 IP 地址配置、DHCP 服务配置。

```
Switch(config)#hostname DHCP-Server
DHCP-Server(config)#interface vlan 1
DHCP-Server(config-if)#ip address 192.168.1.1 255.255.255.0
DHCP-Server(config-if)#no shutdown
DHCP-Server(config-if)#exit
DHCP-Server(config)#ip dhcp pool DHCP10
DHCP-Server(dhcp-config)#network 192.168.10.0 255.255.255.0
DHCP-Server(dhcp-config)#default-router 192.168.10.1
DHCP-Server(dhcp-config)#dns-server 192.168.10.1
DHCP-Server(dhcp-config)#exit
DHCP-Server(config)#ip dhcp excluded-address 192.168.10.1 192.168.10.10
DHCP-Server(config)#ip routing
DHCP-Server(config)#ip route 192.168.10.0 255.255.255.0 192.168.1.2
!DHCP 服务器上要有去往被分配网段的路由
DHCP-Server(config)#
```

步骤2：配置DHCP中继服务器。

DHCP中继服务器的配置包括交换机重命名、VLAN1接口IP地址配置、VLAN10创建和端口划分、VLAN10接口IP地址配置、DHCP中继服务配置。

```
Switch(config)#hostname DHCP-Relay
DHCP-Relay(config)#interface vlan 1
DHCP-Relay(config-if)#ip address 192.168.1.2 255.255.255.0
DHCP-Relay(config-if)#no shutdown
DHCP-Relay(config-if)#exit
DHCP-Relay(config)#vlan 10
DHCP-Relay(config-vlan)#exit
DHCP-Relay(config)#interface fastethernet 0/1
DHCP-Relay(config-if)#switchport mode access
DHCP-Relay(config-if)#switchport access vlan 10
DHCP-Relay(config-if)#exit
DHCP-Relay(config)#interface vlan 10
DHCP-Relay(config-if)#ip address 192.168.10.1 255.255.255.0
DHCP-Relay(config-if)#ip helper-address 192.168.1.1
!VLAN10收到的DHCP广播请求以单播形式转发给DHCP服务器
DHCP-Relay(config-if)#no shutdown
DHCP-Relay(config-if)#exit
DHCP-Relay(config)#ip routing
DHCP-Relay(config)#
```

步骤3：验证DHCP服务。

打开DHCP客户端的Desktop→IP Configuration工具查看当前计算机的IP配置信息。由于DHCP客户端通过DHCP中继服务器连接到DHCP服务器，所以选择DHCP后，将显示DHCP request successful.（DHCP请求成功），如图10-7所示。

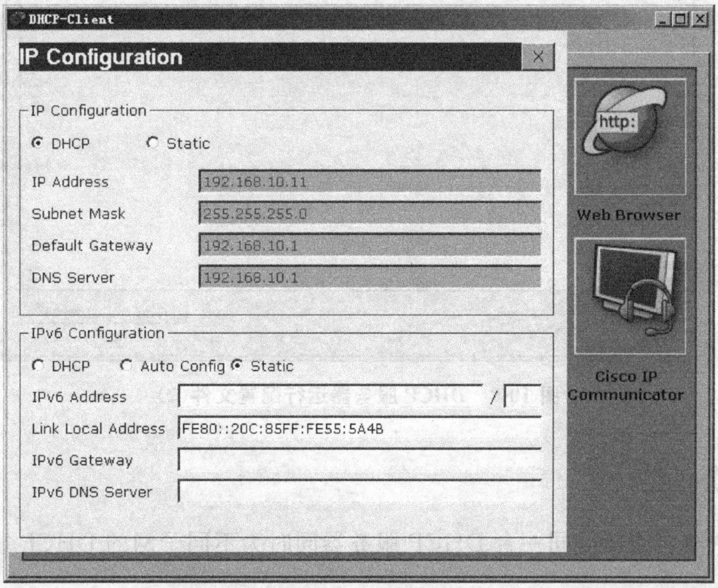

图10-7 DHCP请求成功（2）

配置完成后,各交换机的运行配置文件如图 10-8～图 10-10 所示。

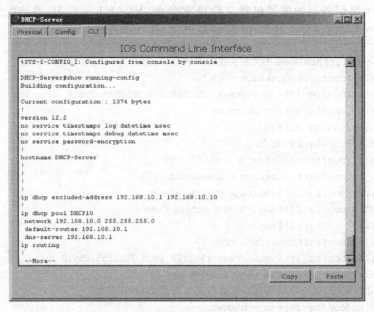

图 10-8　DHCP 服务器运行配置文件(1)

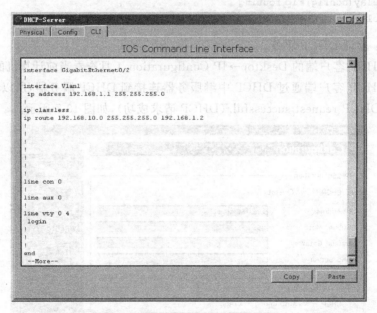

图 10-9　DHCP 服务器运行配置文件(2)

10.2.4　任务小结

DHCP 中继功能使得同一台 DHCP 服务器同时为不同子网的 DHCP 客户端提供 IP 配置。

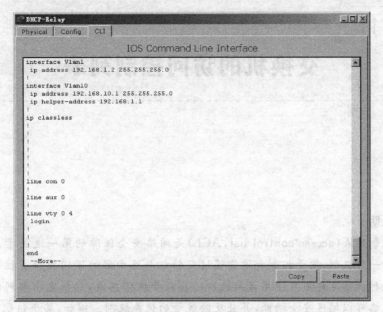

图 10-10　DHCP 中继服务器运行配置文件

项目 11

交换机的访问控制列表

Project 11

项目说明

访问控制列表(access control list,ACL)是网络安全保障的第一道关卡。访问控制列表提供了一种机制,用于控制和过滤通过交换机与路由器的不同接口去往不同方向的信息流。这种机制允许用户使用访问控制列表来管理信息流,以制定内部网络的相关策略。这些策略可以描述安全功能,并且反映流量的优先级别。例如,某个组织可能希望允许或拒绝 Internet 上的用户访问内部 Web 服务器,或者允许内部网络上一个或多个节点将数据流发到外部网络。这些功能都可以通过访问控制列表达到目的。

访问控制列表使用包过滤技术,在交换机与路由器上读取第三层及第四层数据包头中的信息,如源地址、目的地址、源端口、目的端口等;根据预先定义好的规则对数据包进行过滤,达到访问控制的目的。该技术初期仅在路由器上支持,近些年扩展到三层交换机,部分最新的二层交换机也开始提供访问控制列表的支持。

访问控制列表的使用原则如下所述。

(1) 最小特权原则:只给受控对象完成任务必需的最小权限。也就是说,受控制的总规则是各个规则的交集,只满足部分条件的数据包是不允许通过规则的。

(2) 最靠近受控对象原则:所有的网络层访问权限控制。也就是说,在检查规则时,自上而下,在访问控制列表中一条条检测,只要发现符合条件,就立刻转发,不继续检查下面的访问控制列表语句。

(3) 默认丢弃原则:在 Cisco 路由交换设备中,为访问控制列表默认加入最后一句 deny any any,也就是丢弃所有不符合条件的数据包。这一点要特别注意,虽然可以修改这个默认,但是尚未修改前一定要引起重视。

由于访问控制列表是使用包过滤技术实现的,过滤的依据仅仅是第三层和第四层数据包头中的部分信息,所以这种技术具有局限性,如无法识别到具体的人,无法识别到应用内部的权限级别等。因此,要达到端到端的权限控制目的,需要和系统级及应用级的访问权限控制结合使用。

访问控制列表是基于接口进行规则的应用,分为入站应用和出站应用。入站应用是指由外部经该接口进入交换机与路由器的数据包进行过滤;出站应用是指交换机与路由器从该接口向外转发数据时进行数据包的过滤。

本项目重点学习交换机的访问控制列表的配置。通过本项目的学习，读者将获得以下四个方面的学习成果。

(1) 标准访问控制列表的配置。
(2) 扩展访问控制列表的配置。
(3) 基于名称的访问控制列表的配置。
(4) 单向访问控制列表的配置。

任务 1　标准访问控制列表

11.1.1　任务描述

访问控制列表分很多种，不同场合应用不同种类的访问控制列表。其中，最简单的是标准访问控制列表，它通过使用 IP 数据包中的源 IP 地址进行过滤，使用 1～99 的 ACL 号创建相应的访问控制列表。

标准访问控制列表的格式如下所示：

```
access-list ACL号 permit | deny host ip地址
```

例如：

```
access-list 11 deny host 192.168.1.1
```

这条规则将所有来自 IP 地址为 192.168.1.1 的数据包丢弃。
当然，也可以用网段来表示，对某个网段进行过滤。
例如以下规则：

```
access-list 11 deny 192.168.1.0 0.0.0.255
```

将所有来自 IP 地址段为 192.168.1.0/24 的数据包丢弃。

Cisco 规定在访问控制列表中使用反向掩码表示子网掩码。反向掩码 0.0.0.255 的代表子网掩码为 255.255.255.0。

对于标准访问控制列表来说，规则的默认参数是 host（单台主机），也就是说，以下规则：

```
access-list 10 deny 192.168.1.1
```

表示"拒绝 192.168.1.1 这台主机数据包通信"，这样可以省去输入参数 host。

11.1.2　任务要求

(1) 任务的拓扑结构如图 11-1 所示。
(2) 任务所需的设备类型、型号、数量等如表 11-1 所示。
(3) 各设备的接口连接如表 11-2 所示。
(4) 各节点的 IP 配置如表 11-3 所示。

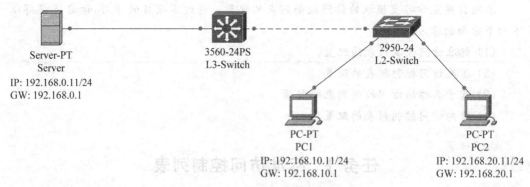

图 11-1 任务拓扑结构（1）

表 11-1 设备类型、型号、数量和名称（1）

类 型	型 号	数 量	设备名称
三层交换机	3560-24PS	1	L3-Switch
二层交换机	2950-24	1	L2-Switch
服务器	Server-PT	1	Server
计算机	PC-PT	2	PC1，PC2

表 11-2 设备接口连接（1）

设备接口 1	设备接口 2	线缆类型
L3-Switch：FastEthernet0/1	Server：FastEthernet0	直通线
L3-Switch：FastEthernet0/24	L2-Switch：FastEthernet0/24	交叉线
L2-Switch：FastEthernet0/1	PC1：FastEthernet0	直通线
L2-Switch：FastEthernet0/5	PC2：FastEthernet0	直通线

表 11-3 节点 IP 配置（1）

节 点	IP 地址	默认网关
Server：FastEthernet0	192.168.0.11/24	192.168.0.1
PC1：FastEthernet0	192.168.10.11/24	192.168.10.1
PC2：FastEthernet0	192.168.20.12/24	192.168.20.1

（5）交换机的 VLAN 规划如表 11-4 所示。

表 11-4 VLAN 规划（1）

交换机	VLAN 名称	端口范围	VLAN 接口 IP 地址
L3-Switch	VLAN1		192.168.0.1
L3-Switch	VLAN10		192.168.10.1
L3-Switch	VLAN20		192.168.20.1
L2-Switch	VLAN10	1～4	
L2-Switch	VLAN20	5～8	

(6) 在 L3-Switch 上创建标准访问控制列表:允许网段 192.168.10.0/24 访问网段 192.168.0.0/24,禁止其他网段访问。

11.1.3 任务步骤

步骤 1:交换机的基本配置。

L2-Switch 的基本配置包括交换机重命名、VLAN 创建和端口划分、主干链路的配置。

```
Switch(config)#hostname L2-Switch
L2-Switch(config)#vlan 10
L2-Switch(config-vlan)#exit
L2-Switch(config)#vlan 20
L2-Switch(config-vlan)#exit
L2-Switch(config)#interface range fastethernet 0/1-4
L2-Switch(config-if-range)#switchport mode access
L2-Switch(config-if-range)#switchport access vlan 10
L2-Switch(config-if-range)#exit
L2-Switch(config)#interface range fastethernet 0/5-8
L2-Switch(config-if-range)#switchport mode access
L2-Switch(config-if-range)#switchport access vlan 20
L2-Switch(config-if-range)#exit
L2-Switch(config)#interface fastethernet 0/24
L2-Switch(config-if)#switchport mode trunk
L2-Switch(config-if)#switchport trunk allowed vlan all
L2-Switch(config-if)#exit
L2-Switch(config)#
```

L3-Switch 的基本配置包括交换机重命名、VLAN 创建和接口 IP 地址配置、主干链路配置。

```
Switch(config)#hostname L3-Switch
L3-Switch(config)#vlan 10
L3-Switch(config-vlan)#exit
L3-Switch(config)#vlan 20
L3-Switch(config-vlan)#exit
L3-Switch(config)#interface vlan 1
L3-Switch(config-if)#ip address 192.168.0.1 255.255.255.0
L3-Switch(config-if)#no shutdown
L3-Switch(config-if)#exit
L3-Switch(config)#interface vlan 10
L3-Switch(config-if)#ip address 192.168.10.1 255.255.255.0
L3-Switch(config-if)#no shutdown
L3-Switch(config-if)#exit
L3-Switch(config)#interface vlan 20
L3-Switch(config-if)#ip address 192.168.20.1 255.255.255.0
L3-Switch(config-if)#no shutdown
L3-Switch(config-if)#exit
L3-Switch(config)#interface fastethernet 0/24
```

```
L3-Switch(config-if)#switchport mode access
L3-Switch(config-if)#switchport mode trunk
L3-Switch(config-if)#switchport trunk allowed vlan all
L3-Switch(config-if)#exit
L3-Switch(config)#ip routing
L3-Switch(config)#
```

提示：由于本项目的任务1、2、3的拓扑结构等完全一致，因此，在完成任务1的步骤1后，执行命令write保存其配置，再保存PKT文件。当完成任务1的全部操作步骤后，重新打开PKT文件，就可以在任务2、3中直接执行步骤2的操作。

步骤2：创建标准访问控制列表。

在L3-Switch上创建标准访问控制列表：允许网段192.168.10.0/24访问网段192.168.0.0/24，禁止其他网段访问，并在VLAN1上应用该标准访问控制列表。

```
L3-Switch(config)#access-list 11 permit 192.168.10.0 0.0.0.255
！允许源IP地址为192.168.10.0/24的数据包通过
L3-Switch(config)#access-list 11 deny any
！禁止源IP地址为其他的数据包通过
L3-Switch(config)#interface vlan 1
L3-Switch(config-if)#ip access-group 11 out
！将ACL号为11的标准访问控制列表应用到VLAN1的出站
L3-Switch(config-if)#exit
L3-Switch(config)#
```

步骤3：任务测试。

在PC1上ping Server，结果是通的；在PC2上ping Server，结果是不通的。

步骤4：查看交换机的运行配置文件，如图11-2所示。

图11-2 交换机的运行配置文件(1)

11.1.4 任务小结

（1）标准访问控制列表要应用在尽量靠近目的地址的接口。

（2）标准访问控制列表占用路由器资源很少，是一种最基本、最简单的访问控制列表格式。标准访问控制列表应用到节点级别，经常在要求控制级别较低、控制粒度较粗的情况下使用。如果需要控制级别较高、控制粒度较细，需要使用扩展访问控制列表，它可以应用到端口级别。

任务 2 扩展访问控制列表

11.2.1 任务描述

标准访问控制列表是基于 IP 地址进行过滤的，是最简单的访问控制列表。那么，如果希望将过滤细到端口，怎么办呢？或者希望对数据包的目的地址进行过滤。这时候需要使用扩展访问控制列表。使用扩展访问控制列表可以有效地允许用户访问物理 LAN，而不允许使用某个特定服务（如 WWW、FTP 等）。扩展访问控制列表使用的 ACL 号为 100~199。

扩展访问控制列表的配置命令格式如下所示：

access-list ACL号 [permit | deny] [协议] [定义过滤源主机范围] [定义过滤源端口] [定义过滤目的主机访问] [定义过滤目的端口]

例如以下规则：

access-list 101 deny tcp any host 192.168.1.1 eq www

将所有主机访问 192.168.1.1 这个地址的 WWW 服务的 TCP 连接的数据包丢弃。

同样，在扩展访问控制列表中也可以定义过滤某个网段。当然，和标准访问控制列表一样，需要使用反向掩码定义 IP 地址段的子网掩码。

11.2.2 任务要求

（1）本任务的拓扑结构等均与任务 1 一致。

（2）在 L3-Switch 上创建扩展访问控制列表：禁止访问网段 192.168.0.0/24，除了允许访问服务器上的 WWW 服务。

11.2.3 任务步骤

步骤 1：交换机的基本配置。

该步骤与任务 1 操作过程一致。

步骤 2：创建扩展访问控制列表。

在 L3-Switch 上创建扩展访问控制列表：禁止访问网段 192.168.0.0/24，除了允许访问服务器上的 WWW 服务，并在 VLAN1 上应用该扩展访问控制列表。

```
L3-Switch(config)#access-list 101 permit tcp any host 192.168.0.11 eq www
L3-Switch(config)#access-list 101 deny ip any any
L3-Switch(config)#interface vlan 1
L3-Switch(config-if)#ip access-group 101 out
L3-Switch(config-if)#exit
L3-Switch(config)#
```

步骤3：任务测试。

PC1 和 PC2 不能 ping 通 Server，但是可以访问 Server 的 WWW 服务。

步骤4：查看交换机的运行配置文件，如图 11-3 所示。

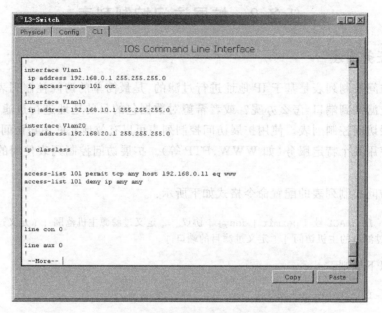

图 11-3　交换机的运行配置文件(2)

11.2.4　任务小结

(1) 扩展访问控制列表有一个最大的好处就是可以保护服务器。例如，很多服务器为了更好地提供服务，都是暴露在外部网络上，如果所有端口都对外界开放，很容易招来黑客和病毒的攻击；通过扩展访问控制列表，可以将除了服务端口以外的其他端口都封掉，降低了被攻击的概率。本例仅将 80 端口对外界开放。

(2) 扩展访问控制列表功能很强大，可以控制源 IP 地址、目的 IP 地址、源端口、目的端口等，能实现相当精细的控制。扩展访问控制列表不仅读取 IP 数据包头的源/目的地址，还要读取第四层数据包头中的源端口和目的端口。不过，扩展访问控制列表有一个缺点，就是在没有硬件访问控制列表加速的情况下，会消耗大量的交换机和路由器 CPU 资源。所以，当使用中、低档交换机和路由器时，应尽量减少扩展访问控制列表的条目数，将其简化为标准访问控制列表，或将多条扩展访问控制列表合并。

任务3 基于名称的访问控制列表

11.3.1 任务描述

不管是标准访问控制列表还是扩展访问控制列表,都有一个弊端,就是当设置好访问控制列表的规则后,如果发现其中的某条规则有问题,希望修改或删除的话,只能将全部访问控制列表信息都删除。也就是说,修改一条或删除一条都会影响到整个访问控制列表。这给网络管理人员带来沉重的工作负担。通过使用基于名称的访问控制列表可以解决这个问题。

基于名称的访问控制列表的格式如下所示:

ip access-list [standard | extended] [ACL 名称]
permit 规则
deny 规则

例如:

ip access-list standard acl1

建立了一个名为 acl1 的标准访问控制列表。

11.3.2 任务要求

(1) 本任务的拓扑结构等均与任务1一致。
(2) 在 L3-Switch 上创建基于名称的扩展访问控制列表:禁止访问网段 192.168.0.0/24,除了允许访问服务器上的 WWW 服务。

11.3.3 任务步骤

步骤1:路由器的基本配置。

该步骤与任务1操作过程一致。

步骤2:创建基于名称的扩展访问控制列表。

在 L3-Switch 创建基于名称的扩展访问控制列表:禁止访问网段 192.168.0.0/24,除了允许访问服务器上的 WWW 服务,并在 VLAN1 上应用该扩展访问控制列表。

```
L3-Switch(config)#ip access-list extended acl101
L3-Switch(config-ext-nacl)#permit tcp any host 192.168.0.11 eq www
L3-Switch(config-ext-nacl)#deny ip any any
L3-Switch(config-ext-nacl)#exit
L3-Switch(config)#interface vlan 1
L3-Switch(config-if)#ip access-group acl101 out
L3-Switch(config-if)#exit
L3-Switch(config)#
```

步骤3：任务测试。

PC1 和 PC2 不能 ping 通 Server，但是可以访问 Server 的 WWW 服务。

步骤4：查看交换机的运行配置文件，如图 11-4 所示。

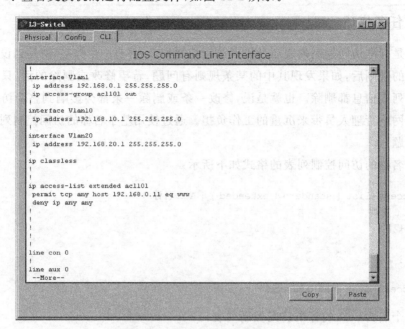

图 11-4　交换机的运行配置文件(3)

11.3.4　任务小结

如果设置访问控制列表的规则比较多，应该使用基于名称的访问控制列表进行管理，以减少后期维护工作，便于随时调整访问控制列表规则。

任务 4　单向访问控制列表

11.4.1　任务描述

在扩展 ACL 中有一个可选参数（established），可以用作 TCP 的单向访问控制，又称为反向访问控制。这种设计基于 TCP 建立连接的三次握手。在 TCP 会话中，初始的数据包只有 Sequence（序列号），而没有 ACK（确认号），如果受保护的网络主动发起对外部网络的 TCP 访问，外部返回的数据包将携带 TCP ACK 号，这样的数据包将被允许，而外部主动发起的对内部受保护网络的攻击不被允许，因为只有序列号，没有确认号。

11.4.2　任务要求

（1）任务的拓扑结构如图 11-5 所示。

项目11 交换机的访问控制列表

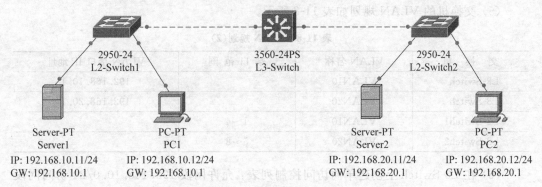

图 11-5 任务拓扑结构(2)

(2) 任务所需的设备类型、型号、数量等如表 11-5 所示。

表 11-5 设备类型、型号、数量和名称(2)

类　型	型　号	数　量	设 备 名 称
三层交换机	3560-24PS	1	L3-Switch
二层交换机	2950-24	2	L2-Switch1,L2-Switch2
服务器	Server-PT	2	Server1,Server2
计算机	PC-PT	2	PC1,PC2

(3) 各设备的接口连接如表 11-6 所示。

表 11-6 设备接口连接(2)

设备接口 1	设备接口 2	线 缆 类 型
L3-Switch：FastEthernet0/23	L2-Switch1：FastEthernet0/24	交叉线
L3-Switch：FastEthernet0/24	L2-Switch2：FastEthernet0/24	交叉线
L2-Switch1：FastEthernet0/1	Server1：FastEthernet0	直通线
L2-Switch1：FastEthernet0/2	PC1：FastEthernet0	直通线
L2-Switch2：FastEthernet0/1	Server2：FastEthernet0	直通线
L2-Switch2：FastEthernet0/2	PC2：FastEthernet0	直通线

(4) 各节点的 IP 配置如表 11-7 所示。

表 11-7 节点 IP 配置(2)

节　　点	IP 地址	默认网关
Server1：FastEthernet0	192.168.10.11/24	192.168.10.1
Server2：FastEthernet0	192.168.20.11/24	192.168.20.1
PC1：FastEthernet0	192.168.10.12/24	192.168.10.1
PC2：FastEthernet0	192.168.20.12/24	192.168.20.1

(5) 交换机的 VLAN 规划如表 11-8 所示。

表 11-8　VLAN 规划(2)

交换机	VLAN 名称	端口范围	VLAN 接口 IP 地址
L3-Switch	VLAN10		192.168.10.1
L3-Switch	VLAN20		192.168.20.1
L2-Switch1	VLAN10	1~4	
L2-Switch2	VLAN20	5~8	

(6) 在 L3-Switch 上创建单向访问控制列表：允许网段 192.168.10.0/24 访问网段 192.168.20.0/24 的 HTTP 服务，但是禁止网段 192.168.20.0/24 访问网段 192.168.10.0/24。

11.4.3　任务步骤

步骤 1：交换机的基本配置。

L2-Switch1 的基本配置包括交换机重命名、VLAN 创建和端口划分、主干链路配置。

```
Switch(config)#hostname L2-Switch1
L2-Switch1(config)#vlan 10
L2-Switch1(config-vlan)#exit
L2-Switch1(config)#interface range fastethernet 0/1-4
L2-Switch1(config-if-range)#switchport mode access
L2-Switch1(config-if-range)#switchport access vlan 10
L2-Switch1(config-if-range)#exit
L2-Switch1(config)#interface fastethernet 0/24
L2-Switch1(config-if)#switchport mode trunk
L2-Switch1(config-if)#switchport trunk allowed vlan all
L2-Switch1(config-if)#exit
L2-Switch1(config)#
```

L2-Switch2 的基本配置包括交换机重命名、VLAN 创建和端口划分、主干链路配置。

```
Switch(config)#hostname L2-Switch2
L2-Switch2(config)#vlan 20
L2-Switch2(config-vlan)#exit
L2-Switch2(config)#interface range fastethernet 0/1-4
L2-Switch2(config-if-range)#switchport mode access
L2-Switch2(config-if-range)#switchport access vlan 20
L2-Switch2(config-if-range)#exit
L2-Switch2(config)#interface fastethernet 0/24
L2-Switch2(config-if)#switchport mode trunk
L2-Switch2(config-if)#switchport trunk allowed vlan all
L2-Switch2(config-if)#exit
L2-Switch2(config)#
```

L3-Switch 的基本配置包括交换机重命名、VLAN 创建和接口 IP 地址配置、主干链路配置。

```
Switch(config)#hostname L3-Switch
L3-Switch(config)#vlan 10
L3-Switch(config-vlan)#exit
L3-Switch(config)#vlan 20
L3-Switch(config-vlan)#exit
L3-Switch(config)#interface range fastethernet 0/23-24
L3-Switch(config-if-range)#switchport mode access
L3-Switch(config-if-range)#switchport mode trunk
L3-Switch(config-if-range)#switchport trunk allowed vlan all
L3-Switch(config-if-range)#exit
L3-Switch(config)#interface vlan 10
L3-Switch(config-if)#ip address 192.168.10.1 255.255.255.0
L3-Switch(config-if)#no shutdown
L3-Switch(config-if)#exit
L3-Switch(config)#interface vlan 20
L3-Switch(config-if)#ip address 192.168.20.1 255.255.255.0
L3-Switch(config-if)#no shutdown
L3-Switch(config-if)#exit
L3-Switch(config)#ip routing
L3-Switch(config)#
```

步骤2：创建单向访问控制列表。

在 L3-Switch 创建单向访问控制列表：允许网段 192.168.10.0/24 访问网段 192.168.20.0/24 的 HTTP 服务,但是禁止网段 192.168.20.0/24 访问网段 192.168.10.0/24,并在 VLAN10 上应用该单向访问控制列表。

```
L3-Switch(config)#ip access-list extended acl101
L3-Switch(config-ext-nacl)#permit tcp 192.168.20.0 0.0.0.255 eq www 192.168.10.0 0.0.0.255 established
```
! 访问控制列表末尾添加 established 参数。因为允许网段 192.168.10.0/24 访问网段 192.168.20.0/24 的 HTTP 服务,所以源和目的地址以及目的端口不能搞错：这个访问控制列表是当网段 192.168.10.0/24 的 HTTP 建立连接的请求发到网段 192.168.20.0/24 的 Server2,Server2 回复的 TCP 数据包中携带 ACK 号才匹配的,所以源地址是网段 192.168.20.0/24,源端口是网段 192.168.20.0/24 的 Server2 的 HTTP 端口 80。目的端口是网段 192.168.10.0/24 的节点的一个随机端口,没有写出来表示匹配所有端口
```
L3-Switch(config-ext-nacl)#exit
L3-Switch(config)#interface vlan 10
L3-Switch(config-if)#ip access-group acl101 out
L3-Switch(config-if)#exit
L3-Switch(config)#
```

步骤3：任务测试。

网段 192.168.10.0/24 ping 网段 192.168.20.0/24 提示"请求超时"(Request timed out.),但是可以访问 Server2 的 HTTP 服务。

网段 192.168.20.0/24 ping 网段 192.168.10.0/24 提示"目标主机不可达"(Destination host unreachable.),则不可以访问 Server1 的 HTTP 服务。

要实现网段 192.168.10.0/24 ping 通网段 192.168.20.0/24,需要添加匹配 ICMP

的访问控制列表规则。

```
L3-Switch(config)#ip access-list extended acl101
L3-Switch(config-ext-nacl)#permit icmp 192.168.20.0 0.0.0.255 192.168.10.0 0.0.0.255 echo-reply
L3-Switch(config-ext-nacl)#exit
L3-Switch(config)#
```

步骤 4：查看交换机的运行配置文件，如图 11-6 所示。

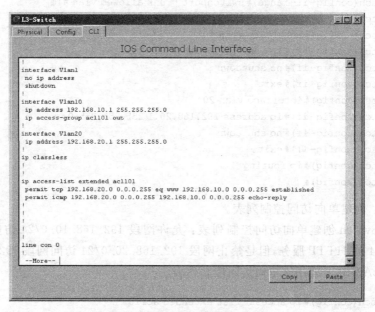

图 11-6 交换机的运行配置文件(4)

11.4.4 任务小结

因为参数 established 只能用于基于 TCP 的协议，对于 UDP 等协议不起作用，所以实际应用中很少用它。

第 3 部分

路 由 器

第3部分

腮由器

项目 12

路由器基础

Project 12

项目说明

路由器(Router)是互联网中连接各局域网和广域网的不可缺少的网络设备,它根据整个网络的信道情况自动选择和设定路由,以最佳的路径,按一定的顺序将数据包发送给其他网络设备,实现数据包的路由转发。

本项目重点学习路由器的基础知识。通过本项目的学习,读者将获得以下五个方面的学习成果。

(1) 路由器接口的外观、功能和表示方法。
(2) 路由器的配置模式与管理方式。
(3) 路由器的特权模式密码清除。
(4) 路由器文件的维护。
(5) 路由器单臂路由的配置。

任务1 路由器的接口

12.1.1 任务描述

路由器是三层设备,主要功能是实现路径选择和广域网连接。与交换机相比,路由器的接口数量很少,但类型很多。

路由器一般都提供模块化功能,通过对模块的加装、更换,支持更多的网络连接环境和不断提高的网络带宽要求与服务质量。路由器加装模块就像是计算机添加网卡一样,可以增加接口数量和类型。一台路由器能够支持的模块类型和数量越多,功能越丰富,价格也相对越高。

在 Cisco Packet Tracer 中提供了多款路由器供选择,而且每款路由器均提供了大量模块。

12.1.2 任务要求

(1) 任务的拓扑结构如图 12-1 所示。
(2) 任务所需的设备类型、型号、数量等如表 12-1 所示。

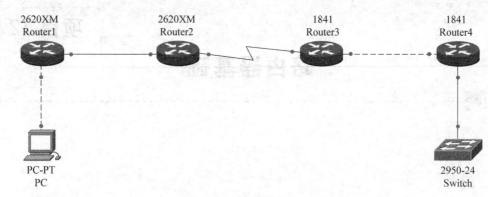

图 12-1 任务拓扑结构(1)

表 12-1 设备类型、型号、数量和名称(1)

类　型	型　号	数　量	设 备 名 称
路由器	2620XM	2	Router1，Router2
路由器	1841	2	Router3，Router4
二层交换机	2950-24	1	Switch
计算机	PC-PT	1	PC

(3) 各设备需加装模块如表 12-2 所示。

表 12-2 设备模块加装

设 备 名 称	模　　块	位　　置
Router1	WIC-Cover	W0，W1
Router1	NM-1FE-FX	
Router2	WIC-1T	W0
Router2	WIC-Cover	W1
Router2	NM-1FE-FX	
Router3	WIC-1T	SLOT0
Router3	WIC-Cover	SLOT1
Router4	WIC-Cover	SLOT0，SLOT1

(4) 各设备的接口连接如表 12-3 所示。

表 12-3 设备接口连接(1)

设备接口 1	设备接口 2	线 缆 类 型
Router1：FastEthernet1/0	Router2：FastEthernet1/0	光纤
Router1：FastEthernet0/0	PC：FastEthernet0	交叉线
Router2：Serial0/0	Router3：Serial0/0/0	串行 DCE/DTE 线
Router3：FastEthernet0/0	Router4：FastEthernet0/0	交叉线
Router4：FastEthernet0/1	Switch：FastEthernet0/1	直通线

12.1.3 任务步骤

步骤1：路由器的接口。

以 Cisco 2620XM 为例，一台路由器具有的接口如表 12-4 和图 12-2 所示。

表 12-4 路由器的接口

接口名称	功能
Console	用于带外管理，通过控制线连接到计算机的串口
Aux	异步串行口，用于远程或本地调试路由器和远程通信
以太网接口	连接以太网
模块接口	加装模块，以扩展路由器的功能。不同型号的路由器的模块接口的类型和数量不同

图 12-2 路由器前视图

步骤2：路由器的模块。

不同型号的路由器可以加装的模块型号和数量不同。在 Cisco Packet Tracer 中，路由器管理界面 Physical 选项卡左侧列出了当前路由器型号可以加装的模块型号。单击模块型号，在面板底部有该型号模块的描述和图片，如图 12-3 所示。

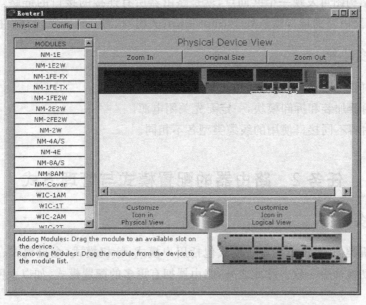

图 12-3 路由器的模块

加装模块的操作很简单：在模块区域找到需要的模块；选中该模块，将其拖到设备对应的模块接口即可。加装模块时，要注意模块的型号，并选择合适的插槽。

注意：加装和拆卸模块，一定要先关闭电源。

图 12-4 所示为加装模块后的路由器。

图 12-4 加装模块后的路由器

步骤 3：路由器的连接。

(1) 路由器与计算机的连接。

由于路由器本身就是一台没有显示器的计算机主机，所以路由器与计算机的连接一般使用交叉线连接路由器的以太网接口与计算机的网卡接口。

(2) 路由器与交换机的连接。

路由器与交换机的连接一般使用直通线连接路由器的以太网接口与交换机的以太网接口。

(3) 路由器与路由器的连接。

路由器与路由器的连接根据接口类型主要分为以下三种。

① 广域网串行接口(Serial)，使用串行 DCE/DTE 线连接。

② RJ-45 以太网接口(Ethernet)，使用交叉线连接。

③ 光纤以太网接口(Ethernet)，使用光纤连接，一般用于高速网络接入。

从拓扑结构图可发现一个共同点，就是路由器所有连接的接口的链路灯状态都是红色的，也就是路由器的接口默认处于 Shutdown(关闭)状态。这一点与交换机不同。

12.1.4 任务小结

(1) 路由器不同接口的外观、功能和表示方法各不相同。

(2) 路由器加装和拆卸模块，一定要先关闭电源。

(3) 路由器不同接口使用的线缆类型各不相同。

任务 2　路由器的配置模式与管理方式

12.2.1 任务描述

与交换机类似，路由器的配置模式包括用户模式、特权模式、全局模式、接口模式等。各配置模式切换命令一致。除此之外，路由器拥有更多的配置模式，如以太网子接口配置模式。

与交换机类似，路由器的管理方式有两种：带外管理和带内管理。但是路由器的带外管理多一种方式，就是通过 Aux 接口连接。

12.2.2 任务要求

(1) 本任务的拓扑结构等均与任务 1 一致。

(2) 如表 12-5 所示对 Router1 进行设置。

表 12-5 路由器设置项目

项 目	内 容	项 目	内 容
名称	Router1	IP 地址	192.168.0.1
系统时间	当前时间	子网掩码	255.255.255.0
特权模式密码	123456	远程登录 Telnet 密码	654321

12.2.3 任务步骤

步骤 1：重命名路由器、设置系统时间和特权模式密码。

```
Continue with configuration dialog? [yes/no]: no
Router>enable
Router#configure terminal
Router(config)#hostname Router1
Router1(config)#exit
Router1#clock set 09:00:00 01 sep 2013
Router1#configure terminal
Router1(config)#enable secret 123456
Router1(config)#
```

步骤 2：设置 IP 地址和子网掩码。

与交换机不同，路由器的每个接口都可以设置 IP 地址和子网掩码。因为计算机连接到 Router1 的以太网接口 FastEthernet0/0，所以必须在以太网接口 FastEthernet0/0 设置 IP 地址和子网掩码。

```
Router1(config)#interface fastethernet 0/0
Router1(config-if)#ip address 192.168.0.1 255.255.255.0
Router1(config-if)#no shutdown
Router1(config-if)#exit
Router1(config)#
```

步骤 3：设置远程登录、保存配置。

```
Router1(config)#line vty 0 4
Router1(config-line)#password 654321
Router1(config-line)#login
Router1(config-line)#exit
Router1(config)#exit
Router1#write
Building configuration...
[OK]
Router1#
```

步骤 4：验证配置。

查看拓扑结构图，Router1 与计算机连接的接口的链路灯状态已经变成绿色，如图 12-5 所示。

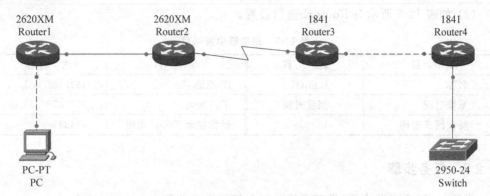

图 12-5　Router1 与计算机连接的接口的链路灯状态已经变成绿色

设置计算机的 IP 地址与 Router1 在同一个网络，并 telnet 到 Router1，如图 12-6 所示。

图 12-6　计算机 telnet 到 Router1

12.2.4　任务小结

（1）路由器的配置模式和管理方式与交换机类似。

（2）路由器的接口可以设置 IP 地址和子网掩码。

（3）路由器有一个配置向导。输入 no，可以退出向导。

任务 3 清除路由器的特权模式密码

12.3.1 任务描述

Cisco 路由器的配置都保存在 NVRAM 中名为 startup-config 的文件里,包括特权模式密码。每当路由器启动时,都会读取 startup-config 文件并应用配置。所以在忘记路由器特权模式密码的情况下,要清除特权模式密码,只需要让路由器不读取 startup-config。

不同厂家和型号的路由器的特权模式密码清除方法有所不同,本任务以型号为 1841 的路由器进行练习。

12.3.2 任务要求

(1) 添加一台路由器(型号 1841)。
(2) 对路由器进行一些基本设置,如修改设备名称、设置特权模式密码等。
(3) 清除路由器的特权模式密码。

12.3.3 任务步骤

步骤 1:设置路由器的设备名称和特权模式密码,并保存到启动配置文件。

```
Router(config)#hostname Router-1841
Router-1841(config)#enable secret 123456
Router-1841(config)#exit
Router-1841#write
Building configuration...
[OK]
Router-1841#
```

步骤 2:用控制线将路由器和计算机连接起来,并运行终端仿真程序(如超级终端)。终端仿真程序的连接参数设置如表 12-6 所示。

表 12-6 终端软件参数设置

项 目	内 容	项 目	内 容
Bits Per Second 每秒位数	9600	Stop Bits 停止位	1
Data Bits 数据位	8	Flow Control 数据流控制	None 无
Parity 奇偶校验	None 无		

步骤 3:在命令行界面输入命令 show version,并记录下配置寄存器设定,如图 12-7 所示。

注意:配置寄存器设定值通常为"0x2102"或者"0x102"。如果无法访问路由器,可以安全地假设该值为"0x2102"。

```
Router-1841>show version
Cisco IOS Software, 1841 Software (C1841-ADVIPSERVICESK9-M), Version 12.4(15)T1,
```

```
RELEASE SOFTWARE (fc2)
...
Configuration register is 0x2102
! 配置寄存器设定值

Router-1841>
```

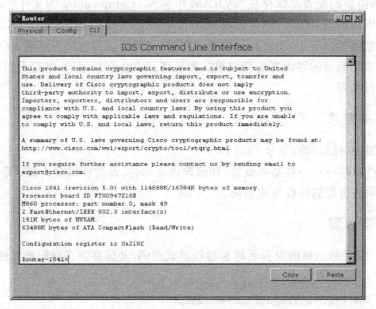

图 12-7　配置寄存器设定

步骤 4：关闭路由器的电源，然后重新打开电源。

在路由器启动的 60 秒内按下 Ctrl+Break 键，令路由器进入 ROMMON 模式。

在"rommon 1>"提示符后输入命令 confreg 0x2142，从 Flash 启动。该步骤用于绕过存储密码的启动配置文件，如图 12-8 所示。

在"rommon 2>"提示符后输入命令 reset，路由器将重新启动，但忽略保存的配置。

```
rommon 1>confreg 0x2142
! 从 Flash 启动，绕过存储密码的启动配置文件
rommon 2>reset
! 重新启动路由器
```

步骤 5：加载路由器的启动配置文件。

```
Continue with configuration dialog? [yes/no]: no
Router>enable
Router#copy startup-config running-config
Destination filename [running-config]?
543 bytes copied in 0.416 secs (1305 bytes/sec)
Router-1841#
```

输入命令 show running-config，显示路由器的配置。在该配置中，路由器的所有接口

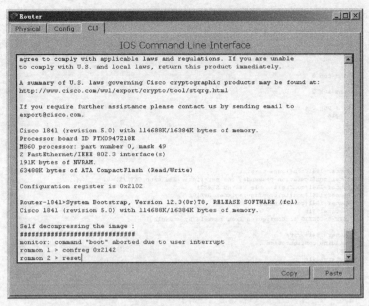

图 12-8 从 Flash 启动,绕过存储密码的启动配置文件

都是关闭的。另外,密码(包括 enable password、enable secret、vty、console passwords)也以加密或非加密的格式显示。可以继续使用非加密的密码,但是必须将加密的密码更改为新密码。

```
Router-1841#show running-config
Building configuration...

Current configuration : 543 bytes
...
enable secret 5 $1$mERr$H7PDx17VYMqaD3id4jJVK/
...
Router-1841#
```

步骤 6:设置新的特权模式密码,并恢复路由器启动时读取启动配置文件。

恢复路由器启动时读取启动配置文件的操作,是在全局模式下使用 config-register ＜configuration_register_setting＞命令完成,如图 12-9 所示。configuration_register_setting 即步骤 3 所记录的配置寄存器设定。

```
Router-1841#configure terminal
Router-1841(config)#enable secret 654321
Router-1841(config)#config-register 0x2102
!恢复路由器启动时读取启动配置文件
Router-1841(config)#exit
Router-1841#write
Building configuration...
[OK]
Router-1841#
```

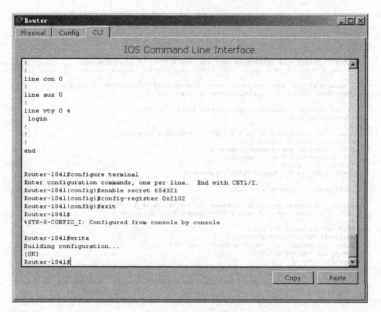

图 12-9　恢复路由器启动时读取启动配置文件

12.3.4　任务小结

（1）清除路由器的特权模式密码，必须物理接触路由器，并用控制线连接路由器和计算机，通过终端仿真程序进行操作。

（2）不同厂家和型号的路由器的特权模式密码清除方法有所不同，因此，操作前最好查阅相应的使用手册。

任务 4　路由器文件的维护

12.4.1　任务描述

路由器的配置文件一般有两个，分别是运行配置文件和启动配置文件。以 Cisco 设备为例，对应的文件名分别是 running-config 和 startup-config。运行配置文件暂存在路由器的内存中，断电后丢失。启动配置文件保存在非易失存储器中，断电后不会丢失。路由器在经过加电自检和加载操作系统后，读取并加载启动配置文件。为了使路由器的当前配置在下次断电重启后还能生效，必须将运行配置文件的内容保存在启动配置文件中。以 Cisco 设备为例，相应的命令为 copy running-config startup-config 或 write。

路由器的操作系统文件是备份到其他的位置。当由于操作失误损坏该操作系统文件，或者更新操作系统文件后想恢复到之前的操作系统，可以将先前备份的文件还原。以 Cisco 设备为例，操作系统文件的扩展名一般是 bin。

路由器的文件可以备份 TFTP 和 FTP 服务器。本任务以 FTP 为例来介绍。

12.4.2 任务要求

(1) 任务的拓扑结构如图 12-10 所示。

图 12-10 任务拓扑结构(2)

(2) 任务所需的设备类型、型号、数量等如表 12-7 所示。

表 12-7 设备类型、型号、数量和名称(2)

类　　型	型　　号	数　　量	设 备 名 称
路由器	1841	1	Router
计算机	PC-PT	1	PC
服务器	Server-PT	1	FTP Server

(3) 各设备的接口连接如表 12-8 所示。

表 12-8 设备接口连接(2)

设备接口 1	设备接口 2	线 缆 类 型
Router：Console	PC：RS-232	控制线
Router：FastEthernet0/0	FTP Server：FastEthernet0	交叉线

(4) 各节点的 IP 配置如表 12-9 所示。

表 12-9 节点 IP 配置(1)

节　　点	IP 地址	默认网关
Router：FastEthernet0/0	192.168.0.1/24	
FTP Server：FastEthernet0	192.168.0.251/24	

(5) 备份路由器的启动配置文件到 FTP 服务器，并还原。

12.4.3 任务步骤

步骤 1：对路由器进行基本配置。

```
Router(config)#hostname Router-1841
Router-1841(config)#interface fastethernet 0/0
Router-1841(config-if)#ip address 192.168.0.1 255.255.255.0
Router-1841(config-if)#no shutdown
Router-1841(config-if)#exit
Router-1841(config)#exit
Router-1841#write
Building configuration...
[OK]
```

Router-1841#

步骤2：设置FTP服务器。

打开FTP服务器的管理界面，切换到Config选项卡，然后在左边的Services列表中单击FTP，显示FTP服务器的相关设置，包括服务的启动/停止、用户设置、FTP服务器上的文件，如图12-11所示。

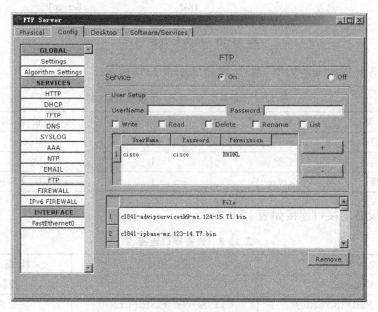

图12-11　FTP服务器

在UserName中输入用户名，在Password中输入密码，再选中相应的权限[Write（写）、Read（读）、Delete（删除）、Rename（重命名）、List（列表）]，最后单击"＋"按钮，即可新建FTP用户，如图12-12所示。选择用户列表中的用户，单击"－"按钮，即可删除所选择的FTP用户。

步骤3：设置路由器的FTP用户名和密码。

路由器登录FTP服务器的用户名和密码必须先设置。路由器的FTP用户名和密码使用命令ip ftp设置。

```
Router-1841(config)#ip ftp username ftpusername
Router-1841(config)#ip ftp password ftppassword
Router-1841(config)#
```

步骤4：备份路由器的启动配置文件到FTP服务器。

```
Router-1841#copy startup-config ftp:
Address or name of remote host []? 192.168.0.251
Destination filename [Router-1841-confg]?

Writing startup-config...
[OK-507 bytes]
```

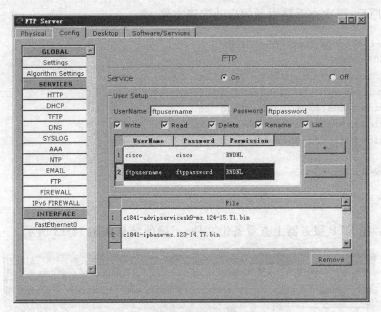

图 12-12 新建 FTP 用户

```
507 bytes copied in 0.046 secs (11000 bytes/sec)
Router-1841#
```

步骤 5：删除路由器的启动配置文件。

```
Router-1841#erase startup-config
Erasing the nvram filesystem will remove all configuration files! Continue?
[confirm]
[OK]
Erase of nvram: complete
%SYS-7-NV_BLOCK_INIT: Initialized the geometry of nvram
Router-1841#show startup-config
startup-config is not present
!启动配置文件不存在
Router-1841#
```

步骤 6：从 FTP 服务器还原路由器的启动配置文件。

（1）从 FTP 服务器还原启动配置文件。

```
Router-1841#copy ftp: startup-config
Address or name of remote host []? 192.168.0.251
Source filename []? Router-1841-confg
Destination filename [startup-config]?

Accessing ftp://192.168.0.251/Router-1841-confg...
[OK-507 bytes]

507 bytes copied in 0.016 secs (31687 bytes/sec)
Router-1841#
```

(2) 还原后,再次查看路由器的启动配置文件。

```
Router-1841# show startup-config
Using 507 bytes
!
version 12.4
no service timestamps log datetime msec
no service timestamps debug datetime msec
no service password-encryption
!
hostname Router-1841
!
…
```

步骤7:在FTP服务器上查看备份文件,正确的结果如图12-13所示。

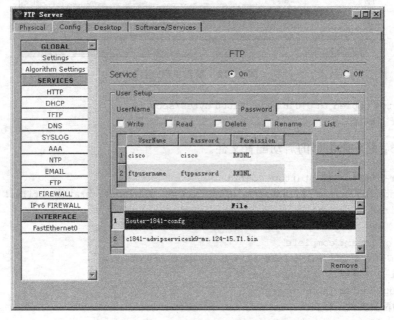

图 12-13 在 FTP 服务器上查看备份文件

12.4.4 任务小结

将路由器的启动配置文件备份到FTP服务器后,还原到路由器时,不需要再执行保存操作。

任务5 路由器单臂路由的配置

12.5.1 任务描述

在网络管理中,在交换机上划分适当数目的VLAN,不仅能有效隔离广播风暴,还能提高网络安全系数及网络带宽的利用效率。划分 VLAN 之后，VLAN 与 VLAN 之间不能通信，使用路由器的单臂路由功能可以解决这个问题。

12.5.2 任务要求

（1）任务的拓扑结构如图 12-14 所示。

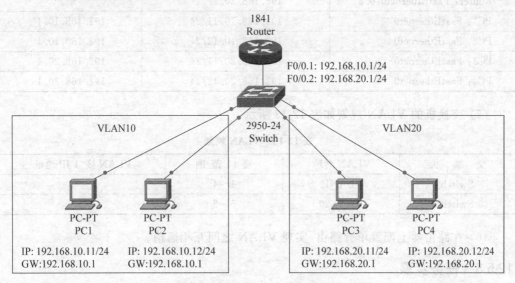

图 12-14 任务拓扑结构（3）

（2）任务所需的设备类型、型号、数量等如表 12-10 所示。

表 12-10 设备类型、型号、数量和名称（3）

类　型	型　号	数　量	设 备 名 称
路由器	1841	1	Router
二层交换机	2950-24	1	Switch
计算机	PC-PT	4	PC1，PC2，PC3，PC4

（3）各设备的接口连接如表 12-11 所示。

表 12-11 设备接口连接（3）

设备接口 1	设备接口 2	线 缆 类 型
Router：FastEthernet0/0	Switch：FastEthernet0/24	直通线
Switch：FastEthernet0/1	PC1：FastEthernet0	直通线
Switch：FastEthernet0/2	PC2：FastEthernet0	直通线
Switch：FastEthernet0/5	PC3：FastEthernet0	直通线
Switch：FastEthernet0/6	PC4：FastEthernet0	直通线

(4) 各节点的 IP 配置如表 12-12 所示。

表 12-12 节点 IP 配置(2)

节　　点	IP 地址	默 认 网 关
Router：FastEthernet0/0.1	192.168.10.1/24	
Router：FastEthernet0/0.2	192.168.20.1/24	
PC1：FastEthernet0	192.168.10.11/24	192.168.10.1
PC2：FastEthernet0	192.168.10.12/24	192.168.10.1
PC3：FastEthernet0	192.168.20.11/24	192.168.20.1
PC4：FastEthernet0	192.168.20.12/24	192.168.20.1

(5) 交换机的 VLAN 规划如表 12-13 所示。

表 12-13 VLAN 规划

交 换 机	VLAN 名称	接 口 范 围	VLAN 接口 IP 地址
Switch	VLAN10	1～4	
Switch	VLAN20	5～8	

(6) 在路由器上配置单臂路由，实现 VLAN 之间互相通信。

12.5.3 任务步骤

步骤 1：配置交换机。

```
Switch(config)#vlan 10
Switch(config-vlan)#exit
Switch(config)#vlan 20
Switch(config-vlan)#exit
Switch(config)#interface range fastethernet 0/1-4
Switch(config-if-range)#switchport mode access
Switch(config-if-range)#switchport access vlan 10
Switch(config-if-range)#exit
Switch(config)#interface range fastethernet 0/5-8
Switch(config-if-range)#switchport mode access
Switch(config-if-range)#switchport access vlan 20
Switch(config-if-range)#exit
Switch(config)#interface fastethernet 0/24
Switch(config-if)#switchport mode trunk
Switch(config-if)#exit
Switch(config)#
```

步骤 2：配置路由器单臂路由。

```
Router(config)#interface fastethernet 0/0
Router(config-if)#no shutdown
Router(config-if)#exit
Router(config)#interface fastethernet 0/0.1
!配置快速以太网接口 0 的子接口 1
```

```
Router(config-subif)#encapsulation dot1q 10
! 封装 802.1Q 协议
Router(config-subif)#ip address 192.168.10.1 255.255.255.0
Router(config-subif)#exit
Router(config)#interface fastethernet 0/0.2
Router(config-subif)#encapsulation dot1q 20
Router(config-subif)#ip address 192.168.20.1 255.255.255.0
Router(config-subif)#exit
Router(config)#
```

步骤 3：任务测试。

以上配置完成后，任意两台计算机可以互相通信。

路由器的运行配置文件如图 12-15 所示。

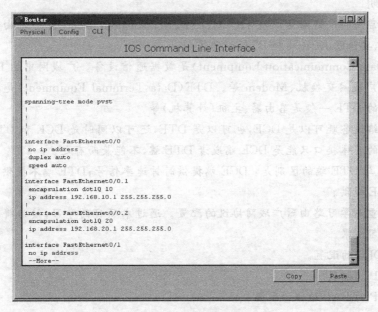

图 12-15　路由器的运行配置文件

12.5.4　任务小结

（1）单臂路由中，交换机与路由器相连的接口要设置成 Trunk 模式。

（2）单臂路由对路由器的接口负载较重，一般情况下使用三层交换机实现不同 VLAN 间的通信。

项目 13

路由器的广域网协议配置

项目说明

路由器常用的广域网协议有 HDLC、PPP、X.25、Frame-Relay 等。路由器在配置广域网协议时,要注意 DCE 端和 DTE 端的区别。

DCE(Data Communication Equipment)是数据通信设备。广域网中的 DCE 一般是 CSU/DSU、广域网交换机、Modem 等。DTE(Data Terminal Equipment)是数据终端设备。广域网的 DTE 一般是路由器、主机(计算机)等。

一台网络设备既可以是 DCE,也可以是 DTE,还可以同时是 DCE 和 DTE。但是每台网络设备的具体接口只能是 DCE 端或者 DTE 端,不能兼而有之。

DCE 端与 DTE 端的区别是:DCE 端提供时钟速率信号;DTE 端不提供时钟速率信号,依靠 DCE 提供。

本项目重点学习路由器广域网协议的配置。通过本项目的学习,读者将获得以下五个方面的学习成果。

(1) HDLC 的配置。
(2) PPP 的配置。
(3) PPP 的 PAP 验证的配置。
(4) PPP 的 CHAP 验证的配置。
(5) Frame Relay 的配置。

任务 1 HDLC 协议的配置

13.1.1 任务描述

HDLC(High-level Data Link Control,高级数据链路控制协议)是面向位的控制协议。HDLC 协议是 Cisco 路由器默认的广域网协议。

13.1.2 任务要求

(1) 任务的拓扑结构如图 13-1 所示。
(2) 任务所需的设备类型、型号、数量等如表 13-1 所示。

项目13 路由器的广域网协议配置

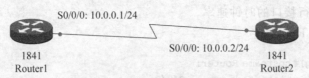

图 13-1　任务拓扑结构(1)

表 13-1　设备类型、型号、数量和名称(1)

类　　型	型　　号	数　　量	设 备 名 称
路由器	1841	2	Router1,Router2

(3) 各设备需加装模块如表 13-2 所示。

表 13-2　设备模块加装(1)

设 备 名 称	模　　块	位　　置
Router1	WIC-1T	SLOT0
Router2	WIC-1T	SLOT0

(4) 各设备的接口连接如表 13-3 所示。

表 13-3　设备接口连接(1)

设备接口 1	设备接口 2	线 缆 类 型
Router1：Serial0/0/0(DCE 端)	Router2：Serial0/0/0(DTE 端)	串行 DCE/DTE 线

(5) 各节点的 IP 配置如表 13-4 所示。

表 13-4　节点 IP 配置(1)

节　　点	IP 地址	默 认 网 关
Router1：Serial0/0/0	10.0.0.1/24	
Router2：Serial0/0/0	10.0.0.2/24	

(6) 在两台路由器配置广域网协议 HDLC，并测试它们的连通性。

13.1.3　任务步骤

步骤 1：连接路由器。

物理设备的连接使用 V.35 电缆连接路由器的串行接口。V.35 电缆构成形式为一对两条：DCE 端的那条是孔头(母头)，即连接到路由器的串行接口成为 DCE 端；DTE 端的那条是针头(公头)，即连接到路由器的串行接口成为 DTE 端。

在 Cisco Packet Tracer 中，使用串行 DCE/DTE 线连接路由器时，要注意 DCE 和 DTE 端的区别：若选择串行 DCE 线，和线缆先连的路由器的串行接口为 DCE 端，需要配置该串行接口的时钟速率；若选择串行 DTE 线，和线缆后连的路由器的串行接口为 DCE

端,需要配置该串行接口的时钟速率。

步骤 2：配置 Router1。

```
Router(config)#hostname Router1
Router1(config)#interface serial 0/0/0
Router1(config-if)#ip address 10.0.0.1 255.255.255.0
Router1(config-if)#encapsulation hdlc
```
! 配置接口的封装类型为 HDLC 协议
```
Router1(config-if)#clock rate 64000
```
! 配置接口的时钟速率为 64000 bps
```
Router1(config-if)#no shutdown
%LINK-5-CHANGED: Interface Serial0/0/0, changed state to down
```
! 执行命令 no shutdown 之后的接口状态还是为 down,因为对端接口状态为 down
```
Router1(config-if)#exit
Router1(config)#
```

步骤 3：查看 Router1 的接口配置情况。

```
Router1#show interfaces serial 0/0/0
Serial0/0/0 is down, line protocol is down (disabled)
```
! 接口 Serial0/0/0 状态为 down,链路协议状态为 down
```
  Hardware is HD64570
  Internet address is 10.0.0.1/24
  MTU 1500 bytes, BW 128 Kbit, DLY 20000 usec,
     reliability 255/255, txload 1/255, rxload 1/255
  Encapsulation HDLC, loopback not set, keepalive set (10 sec)
```
! 接口的封装类型为 HDLC 协议
```
  Last input never, output never, output hang never
  Last clearing of "show interface" counters never
  Input queue: 0/75/0 (size/max/drops); Total output drops: 0
  Queueing strategy: weighted fair
  Output queue: 0/1000/64/0 (size/max total/threshold/drops)
     Conversations 0/0/256 (active/max active/max total)
     Reserved Conversations 0/0 (allocated/max allocated)
     Available Bandwidth 96 kilobits/sec
  5 minute input rate 0 bits/sec, 0 packets/sec
  5 minute output rate 0 bits/sec, 0 packets/sec
     0 packets input, 0 bytes, 0 no buffer
     Received 0 broadcasts, 0 runts, 0 giants, 0 throttles
     0 input errors, 0 CRC, 0 frame, 0 overrun, 0 ignored, 0 abort
     0 packets output, 0 bytes, 0 underruns
     0 output errors, 0 collisions, 1 interface resets
     0 output buffer failures, 0 output buffers swapped out
     0 carrier transitions
     DCD=down  DSR=down  DTR=down  RTS=down  CTS=down
```
! DCD(Data Carrier Detect,载波检测)、DSR(Data Set Ready,数据准备就绪)、DTR(Data Terminal Ready,数据终端就绪)、RTS(Request To Send,请求发送)、CTS(Clear To Send,清除发送)状态均为 down
```
     Router1#
```

步骤 4：Router2 的配置。

Router(config)#hostname Router2
Router2(config)#interface serial 0/0/0
Router2(config-if)#ip address 10.0.0.2 255.255.255.0
Router2(config-if)#encapsulation hdlc
Router2(config-if)#no shutdown
%LINK-5-CHANGED: Interface Serial0/0/0, changed state to up
！执行命令 no shutdown 之后的接口状态为 up,因为对端接口状态已经设置为 up
%LINEPROTO-5-UPDOWN: Line protocol on Interface Serial0/0/0, changed state to up
！链路协议状态为 up
Router2(config-if)#exit
Router2(config)#

步骤 5：再次查看 Router1 的接口配置情况，如图 13-2 所示。

Router1#show interfaces serial 0/0/0
Serial0/0/0 is up, line protocol is up (connected)
！接口 Serial0/0/0 状态为 up,链路协议状态为 up
  Hardware is HD64570
  Internet address is 10.0.0.1/24
  MTU 1500 bytes, BW 128 Kbit, DLY 20000 usec,
     reliability 255/255, txload 1/255, rxload 1/255
  Encapsulation HDLC, loopback not set, keepalive set (10 sec)
  Last input never, output never, output hang never
  Last clearing of "show interface" counters never
  Input queue: 0/75/0 (size/max/drops); Total output drops: 0
  Queueing strategy: weighted fair
  Output queue: 0/1000/64/0 (size/max total/threshold/drops)
     Conversations 0/0/256 (active/max active/max total)
     Reserved Conversations 0/0 (allocated/max allocated)
     Available Bandwidth 96 kilobits/sec
  5 minute input rate 0 bits/sec, 0 packets/sec
  5 minute output rate 0 bits/sec, 0 packets/sec
     0 packets input, 0 bytes, 0 no buffer
     Received 0 broadcasts, 0 runts, 0 giants, 0 throttles
     0 input errors, 0 CRC, 0 frame, 0 overrun, 0 ignored, 0 abort
     0 packets output, 0 bytes, 0 underruns
     0 output errors, 0 collisions, 1 interface resets
     0 output buffer failures, 0 output buffers swapped out
     0 carrier transitions
     DCD=up DSR=up DTR=up RTS=up CTS=up
！DCD、DSR、DTR、RTS、CTS 状态均为 up
Router1#

步骤 6：连通性测试。
使用命令 ping 测试两台路由器之间的连通性。

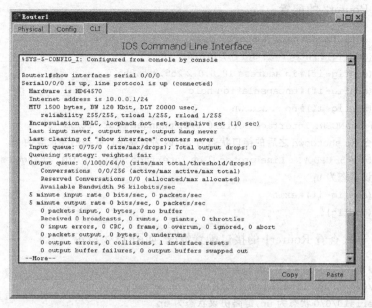

图 13-2　Router1 的接口 Serial 0/0/0 配置情况（1）

```
Router1#ping 10.0.0.2

Type escape sequence to abort.
Sending 5, 100-byte ICMP Echos to 10.0.0.2, timeout is 2 seconds:
!!!!!
Success rate is 100 percent (5/5), round-trip min/avg/max=31/40/79 ms

Router1#
```

13.1.4　任务小结

（1）路由器的广域网连接使用的是串行接口。

（2）串行接口的连接可以使用 V35 线缆。在 Cisco Packet Tracer 中，用串行 DCE/DTE 线连接：使用串行 DCE 线连接时，先连接的一端为 DCE 端，使用串行 DTE 线时则相反。

（3）路由器两端接口的封装类型的协议必须一致，否则无法建立链路。

任务2　PPP 协议的配置

13.2.1　任务描述

PPP（Point to Point Protocol，点对点协议）是面向字符的控制协议。PPP 协议是一种比 HDLC 功能更加丰富、更加安全的广域网封装协议，支持身份认证、多链路捆绑等功能。

13.2.2 任务要求

(1) 本任务的拓扑结构等均与任务 1 一致。
(2) 在两台路由器配置广域网协议 PPP,并测试它们的连通性。

13.2.3 任务步骤

步骤 1:配置 Router1。

```
Router(config)#hostname Router1
Router1(config)#interface serial 0/0/0
Router1(config-if)#ip address 10.0.0.1 255.255.255.0
Router1(config-if)#encapsulation ppp
Router1(config-if)#clock rate 64000
Router1(config-if)#no shutdown
Router1(config-if)#exit
Router1(config)#
```

步骤 2:配置 Router2。

```
Router(config)#hostname Router2
Router2(config)#interface serial 0/0/0
Router2(config-if)#ip address 10.0.0.2 255.255.255.0
Router2(config-if)#encapsulation ppp
Router2(config-if)#no shutdown
Router2(config-if)#exit
Router2(config)#
```

步骤 3:查看 Router1 的接口配置情况,如图 13-3 所示。

```
Router1#show interfaces serial 0/0/0
Serial0/0/0 is up, line protocol is up (connected)
  Hardware is HD64570
  Internet address is 10.0.0.1/24
  MTU 1500 bytes, BW 128 Kbit, DLY 20000 usec,
     reliability 255/255, txload 1/255, rxload 1/255
  Encapsulation PPP, loopback not set, keepalive set (10 sec)
!接口的封装类型为 PPP 协议
  LCP Open
  Open: IPCP, CDPCP
  Last input never, output never, output hang never
  Last clearing of "show interface" counters never
  Input queue: 0/75/0 (size/max/drops); Total output drops: 0
  Queueing strategy: weighted fair
  Output queue: 0/1000/64/0 (size/max total/threshold/drops)
     Conversations 0/0/256 (active/max active/max total)
     Reserved Conversations 0/0 (allocated/max allocated)
     Available Bandwidth 96 kilobits/sec
  5 minute input rate 0 bits/sec, 0 packets/sec
  5 minute output rate 0 bits/sec, 0 packets/sec
```

```
    0 packets input, 0 bytes, 0 no buffer
    Received 0 broadcasts, 0 runts, 0 giants, 0 throttles
    0 input errors, 0 CRC, 0 frame, 0 overrun, 0 ignored, 0 abort
    0 packets output, 0 bytes, 0 underruns
    0 output errors, 0 collisions, 2 interface resets
    0 output buffer failures, 0 output buffers swapped out
    0 carrier transitions
    DCD=up  DSR=up  DTR=up  RTS=up  CTS=up
Router1#
```

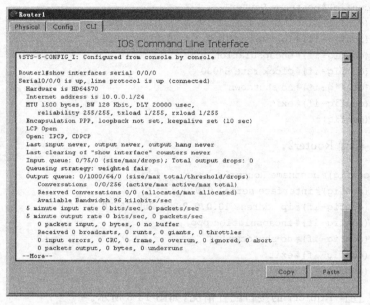

图 13-3　Router1 的接口 Serial 0/0/0 配置情况（2）

步骤 4：连通性测试。

使用命令 ping 测试两台路由器之间的连通性。

```
Router1#ping 10.0.0.2

Type escape sequence to abort.
Sending 5, 100-byte ICMP Echos to 10.0.0.2, timeout is 2 seconds:
!!!!!
Success rate is 100 percent (5/5), round-trip min/avg/max=31/40/79 ms

Router1#
```

13.2.4　任务小结

（1）路由器的广域网连接使用的是串行接口。

（2）串行接口的连接可以使用 V35 线缆。在 Cisco Packet Tracer 中，用串行 DCE/DTE 线连接：使用串行 DCE 线连接时，先连接的一端为 DCE 端，使用串行 DTE 线时则相反。

（3）路由器两端接口的封装类型的协议必须一致,否则无法建立链路。

任务3　PPP 协议的 PAP 验证的配置

13.3.1　任务描述

PAP(Password Authentication Protocol,密码验证协议)验证是简单认证方式,采用明文传输,验证只在开始连接时进行。PAP 验证要求验证方和被验证方接口的封装类型都为 PPP 协议,并且都必须创建以对方设备名为用户名的用户,即本方的用户名为对方的设备名,密码不必相同。

13.3.2　任务要求

（1）本任务的拓扑结构等均与任务 1 一致。

（2）在两台路由器之间做广域网协议 PPP 的 PAP 验证：在 Router1 上创建用户名为 Router2,密码为 123456;在 Router2 上创建用户名为 Router1,密码为 654321。测试两台路由器的连通性。

13.3.3　任务步骤

步骤1：配置 Router1。

```
Router(config)#hostname Router1
Router1(config)#username Router2 password 123456
!创建用户名和密码
Router1(config)#interface serial 0/0/0
Router1(config-if)#ip address 10.0.0.1 255.255.255.0
Router1(config-if)#encapsulation ppp
Router1(config-if)#ppp authentication pap
!设置 PPP 的验证方式为 PAP
Router1(config-if)#ppp pap sent-username Router1 password 654321
!发送对端路由器创建的用户名和密码
Router1(config-if)#clock rate 64000
Router1(config-if)#no shutdown
Router1(config-if)#exit
Router1(config)#
```

步骤2：配置 Router2。

```
Router(config)#hostname Router2
Router2(config)#username Router1 password 654321
Router2(config)#interface serial 0/0/0
Router2(config-if)#ip address 10.0.0.2 255.255.255.0
Router2(config-if)#encapsulation ppp
Router2(config-if)#ppp authentication pap
```

```
Router2(config-if)#ppp pap sent-username Router2 password 123456
Router2(config-if)#no shutdown
Router2(config-if)#exit
Router2(config)#
```

步骤 3：连通性测试。

使用命令 ping 测试两台路由器之间的连通性。

```
Router1#ping 10.0.0.2

Type escape sequence to abort.
Sending 5, 100-byte ICMP Echos to 10.0.0.2, timeout is 2 seconds:
!!!!!
Success rate is 100 percent (5/5), round-trip min/avg/max = 31/40/79 ms

Router1#
```

步骤 4：查看路由器的运行配置文件。

本任务配置完成后的 Router1 运行配置文件内容如图 13-4 和图 13-5 所示。Router2 运行配置文件内容与 Router1 类似。

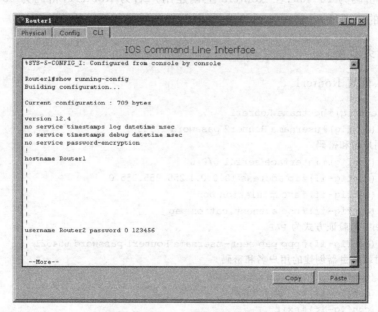

图 13-4　Router1 的运行配置文件(1)

13.3.4　任务小结

(1) PAP 验证要求验证方和被验证方接口的封装类型都为 PPP 协议。

(2) PAP 验证要求必须创建以对方设备名为用户名的用户，即本方的用户名为对方的设备名，密码不必相同。

(3) PAP 验证时，发送对方创建的用户名及密码进行验证。

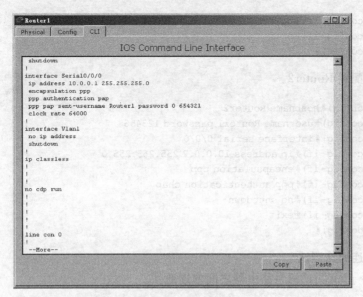

图 13-5　Router1 的运行配置文件(2)

任务 4　PPP 协议的 CHAP 验证的配置

13.4.1　任务描述

CHAP(Challenge-Handshake Authentication Protocol,挑战握手验证协议)验证的安全性较高,采用密文传输。CHAP 验证要求验证方和被验证方接口的封装类型都为 PPP 协议,并且都必须创建以对方设备名为用户名的用户,即本方的用户名为对方的设备名,密码必须相同。

13.4.2　任务要求

(1) 本任务的拓扑结构等均与任务 1 一致。

(2) 在两台路由器之间做广域网协议 PPP 的 CHAP 验证:在 Router1 上创建用户名为 Router2,在 Router2 上创建用户名为 Router1,密码均为 123456,并测试两台路由器的连通性。

13.4.3　任务步骤

步骤 1:配置 Router1。

```
Router(config)#hostname Router1
Router1(config)#username Router2 password 123456
Router1(config)#interface serial 0/0/0
Router1(config-if)#ip address 10.0.0.1 255.255.255.0
Router1(config-if)#encapsulation ppp
Router1(config-if)#ppp authentication chap
Router1(config-if)#clock rate 64000
```

```
Router1(config-if)#no shutdown
Router1(config-if)#exit
Router1(config)#
```

步骤 2：配置 Router2。

```
Router(config)#hostname Router2
Router2(config)#username Router1 password 123456
Router2(config)#interface serial 0/0/0
Router2(config-if)#ip address 10.0.0.2 255.255.255.0
Router2(config-if)#encapsulation ppp
Router2(config-if)#ppp authentication chap
Router2(config-if)#no shutdown
Router2(config-if)#exit
Router2(config)#
```

步骤 3：连通性测试。

使用命令 ping 测试两台路由器之间的连通性。

```
Router1#ping 10.0.0.2

Type escape sequence to abort.
Sending 5, 100-byte ICMP Echos to 10.0.0.2, timeout is 2 seconds:
!!!!!
Success rate is 100 percent (5/5), round-trip min/avg/max =  31/40/79 ms

Router1#
```

步骤 4：查看路由器的运行配置文件。

本任务配置完成后的 Router1 运行配置文件内容如图 13-6 和图 13-7 所示。Router2 运行配置文件内容与 Router1 类似。

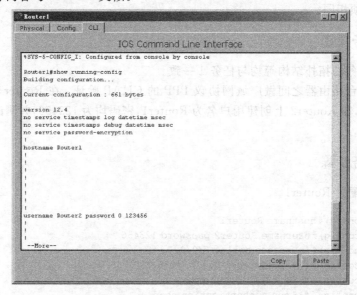

图 13-6　Router1 的运行配置文件(3)

项目13 路由器的广域网协议配置

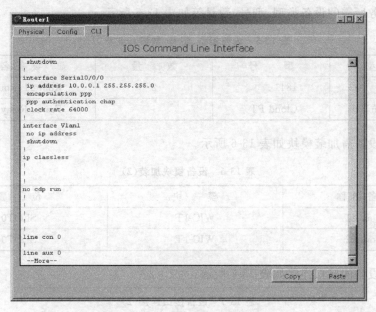

图 13-7 Router1 的运行配置文件(4)

13.4.4 任务小结

（1）CHAP 验证要求验证方和被验证方接口的封装类型都为 PPP 协议。

（2）CHAP 验证要求必须创建以对方设备名为用户名的用户，即本方的用户名为对方的设备名，密码必须相同。

任务5　Frame Relay 的配置

13.5.1 任务描述

Frame-Relay（帧中继）是 X.25 分组交换网的改进，以虚电路的方式工作。

因为在 Cisco Packet Tracer 中的路由器不能作为帧中继交换机，所以在本任务中使用广域网仿真设备中的 Cloud-PT 作为帧中继交换机。

13.5.2 任务要求

（1）任务的拓扑结构如图 13-8 所示。

图 13-8 任务拓扑结构(2)

(2) 任务所需的设备类型、型号、数量等如表 13-5 所示。

表 13-5　设备类型、型号、数量和名称(2)

类　　型	型　　号	数　　量	设 备 名 称
路由器	1841	2	Router1，Router2
广域网仿真	Cloud-PT	1	Frame Relay Switch

(3) 各设备需加装模块如表 13-6 所示。

表 13-6　设备模块加装(2)

设 备 名 称	模　　块	位　　置
Router1	WIC-1T	SLOT0
Router2	WIC-1T	SLOT0

(4) 各设备的接口连接如表 13-7 所示。

表 13-7　设备接口连接(2)

设备接口 1	设备接口 2	线 缆 类 型
Router1：Serial0/0/0(DTE 端)	Frame Relay Switch：Serial0	串行 DCE/DTE 线
Router2：Serial0/0/0(DTE 端)	Frame Relay Switch：Serial1	串行 DCE/DTE 线

(5) 各节点的 IP 配置如表 13-8 所示。

表 13-8　节点 IP 配置(2)

节　　点	IP 地址	默 认 网 关
Router1：Serial0/0/0	10.0.0.1/24	
Router2：Serial0/0/0	10.0.0.2/24	

(6) 在两台路由器配置广域网协议 Frame Relay，并测试它们的连通性。

13.5.3　任务步骤

步骤 1：配置 Router1。

```
Router(config)#hostname Router1
Router1(config)#interface serial 0/0/0
Router1(config-if)#ip address 10.0.0.1 255.255.255.0
Router1(config-if)#encapsulation frame-relay ietf
Router1(config-if)#frame-relay map ip 10.0.0.2 101 broadcast ietf
！建立 IP 地址 10.0.0.2 与 DLCI 地址 101 的映射，并通过该地址转发广播报文
Router1(config-if)#frame-relay lmi-type ansi
！设置帧中继本地管理接口的类型为 ansi 标准
Router1(config-if)#no shutdown
Router1(config-if)#exit
Router1(config)#
```

步骤 2：配置 Router2。

Router(config)#hostname Router2
Router2(config)#interface serial 0/0/0
Router2(config-if)#ip address 10.0.0.2 255.255.255.0
Router2(config-if)#encapsulation frame-relay ietf
Router2(config-if)#frame-relay map ip 10.0.0.1 102 broadcast ietf
Router2(config-if)#frame-relay lmi-type ansi
Router2(config-if)#no shutdown
Router2(config-if)#exit
Router2(config)#

步骤 3：添加串行接口的 DLCI。

打开 Cloud-PT 的管理界面，切换到 Config 选项卡；然后在左边的列表中选择 Interface→Serial0，在右边的 LMI 中选择 ANSI。在 DLCI 中填入 Router1 配置的 DLCI 值，即 101；在 Name 中输入 DLCI 的名字，如 Router1，如图 13-9 所示；最后，单击 Add 按钮。

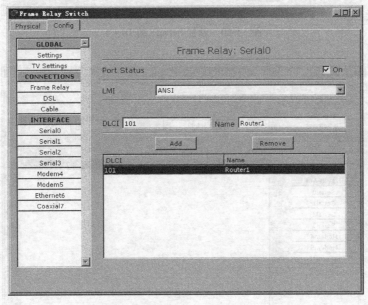

图 13-9　添加 Serial0 的 DLCI

同样，在 Serial1 的 LMI 中选择 ANSI；在 DLCI 中填入 Router2 配置的 DLCI 值，即 102；在 Name 中输入 DLCI 的名字，如 Router2，如图 13-10 所示。最后，单击 Add 按钮。

步骤 4：建立串行接口的连接。

在左边的列表中选择 Connections→Frame Relay，然后分别选择 Serial0→Router1 和 Serial1→Router2，最后单击 Add 按钮，如图 13-11 所示。

步骤 5：连通性测试。

使用命令 ping 测试两台路由器之间的连通性。

Router1#ping 10.0.0.2

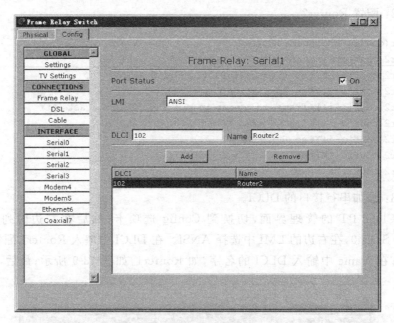

图 13-10　添加 Serial1 的 DLCI

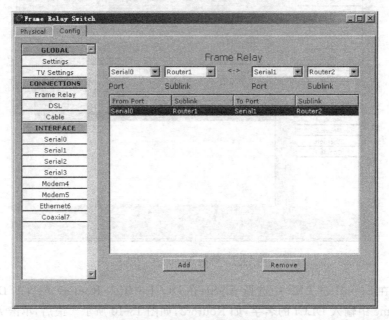

图 13-11　建立串行接口的连接

```
Type escape sequence to abort.
Sending 5, 100-byte ICMP Echos to 10.0.0.2, timeout is 2 seconds:
!!!!!
Success rate is 100 percent (5/5), round-trip min/avg/max=31/40/79 ms
```

Router1#

步骤6：查看路由器的运行配置文件。

本任务配置完成后的 Router1 运行配置文件内容如图 13-12 所示。Router2 运行配置文件内容与 Router1 类似。

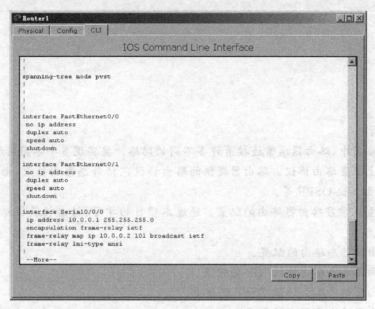

图 13-12　Router1 的运行配置文件(5)

13.5.4　任务小结

（1）路由器的广域网连接使用的是串行接口。

（2）串行接口的连接可以使用 V35 线缆。在 Cisco Packet Tracer 中，用串行 DCE/DTE 线连接：使用串行 DCE 线连接时，先连接的一端为 DCE 端，使用串行 DTE 线时则相反。

（3）路由器两端接口的封装类型的协议必须一致，否则无法建立链路。

项目 14

路由器的路由配置

Project 14

项目说明

在实际应用中,路由器通常连接着许多不同的网络。要实现多个不同网络间的通信,要在路由器上配置路由协议。路由器提供的路由协议包括静态路由协议、动态路由协议RIP、动态路由协议OSPF等。

本项目重点学习路由器路由的配置。通过本项目的学习,读者将获得以下四个方面的学习成果。

(1) 路由器静态路由的配置。
(2) 路由器动态路由协议 RIP 的配置。
(3) 路由器动态路由协议 OSPF 的配置。
(4) 路由器路由重发布的配置。

任务 1 路由器静态路由的配置

14.1.1 任务描述

静态路由是指网络管理员手动配置的路由表项。当网络的拓扑结构或链路状态发生变化时,需要网络管理员手动修改路由表中相关的静态路由表项。静态路由在默认情况下是私有的,不会传递给其他路由器。静态路由一般适用于比较简单的网络环境,网络管理员要非常清楚地了解网络的拓扑结构,便于设置正确的静态路由表项。

14.1.2 任务要求

(1) 任务的拓扑结构如图 14-1 所示。
(2) 任务所需的设备类型、型号、数量等如表 14-1 所示。

表 14-1 设备类型、型号、数量和名称

类 型	型 号	数 量	设备名称
路由器	1841	3	Router1,Router2,Router3
服务器	Server-PT	1	Server
计算机	PC-PT	1	PC

项目14 路由器的路由配置

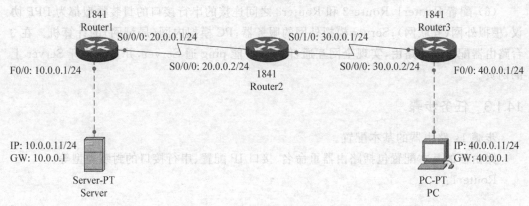

图 14-1 任务拓扑结构(1)

(3) 各设备需加装模块如表 14-2 所示。

表 14-2 设备模块加装

设备名称	模　　块	位　　置
Router1	WIC-1T	SLOT0
Router2	WIC-1T	SLOT0
Router2	WIC-1T	SLOT1
Router3	WIC-1T	SLOT0

(4) 各设备的接口连接如表 14-3 所示。

表 14-3 设备接口连接

设备接口 1	设备接口 2	线缆类型
Router1：FastEthernet0/0	Server：FastEthernet0	交叉线
Router1：Serial0/0/0(DCE 端)	Router2：Serial0/0/0(DTE 端)	串行 DCE/DTE 线
Router2：Serial0/1/0(DCE 端)	Router3：Serial0/0/0(DTE 端)	串行 DCE/DTE 线
Router3：FastEthernet0/0	PC：FastEthernet0	交叉线

(5) 各节点的 IP 配置如表 14-4 所示。

表 14-4 节点 IP 配置

节　　点	IP 地址	默 认 网 关
Router1：FastEthernet0/0	10.0.0.1/24	
Router1：Serial0/0/0	20.0.0.1/24	
Router2：Serial0/0/0	20.0.0.2/24	
Router2：Serial0/1/0	30.0.0.1/24	
Router3：Serial0/0/0	30.0.0.2/24	
Router3：FastEthernet0/0	40.0.0.1/24	
Server：FastEthernet0	10.0.0.11/24	10.0.0.1
PC：FastEthernet0	40.0.0.11/24	40.0.0.1

(6) 配置 Router1、Router2 和 Router3 之间连接的串行接口的封装类型都为 PPP 协议，模拟外网（互联网）；Server 模拟外网的服务器；PC 模拟内网（局域网）的计算机。在 3 台路由器配置静态路由，实现全网互通，使得 PC 能 ping 通 Server，并且能打开 Server 上的网页。

14.1.3 任务步骤

步骤 1：路由器的基本配置。

路由器的基本配置包括路由器重命名、接口 IP 配置、串行接口的封装类型等。

Router1：

```
Router(config)#hostname Router1
Router1(config)#interface fastethernet 0/0
Router1(config-if)#ip address 10.0.0.1 255.255.255.0
Router1(config-if)#no shutdown
Router1(config-if)#exit
Router1(config)#interface serial 0/0/0
Router1(config-if)#ip address 20.0.0.1 255.255.255.0
Router1(config-if)#encapsulation ppp
Router1(config-if)#clock rate 64000
Router1(config-if)#no shutdown
Router1(config-if)#exit
Router1(config)#
```

Router2：

```
Router(config)#hostname Router2
Router2(config)#interface serial 0/0/0
Router2(config-if)#ip address 20.0.0.2 255.255.255.0
Router2(config-if)#encapsulation ppp
Router2(config-if)#no shutdown
Router2(config-if)#exit
Router2(config)#interface serial 0/1/0
Router2(config-if)#ip address 30.0.0.1 255.255.255.0
Router2(config-if)#encapsulation ppp
Router2(config-if)#clock rate 64000
Router2(config-if)#no shutdown
Router2(config-if)#exit
Router2(config)#
```

Router3：

```
Router(config)#hostname Router3
Router3(config)#interface serial 0/0/0
Router3(config-if)#ip address 30.0.0.2 255.255.255.0
Router3(config-if)#encapsulation ppp
Router3(config-if)#no shutdown
Router3(config-if)#exit
Router3(config)#interface fastethernet 0/0
```

```
Router3(config-if)#ip address 40.0.0.1 255.255.255.0
Router3(config-if)#no shutdown
Router3(config-if)#exit
Router3(config)#
```

提示：由于本项目的 4 个任务的拓扑结构完全一致，因此，在完成任务 1 的步骤 1 的配置后，执行命令 write，保存步骤 1 的配置，再保存 PKT 文件。当完成任务 1 的全部操作步骤后，重新打开 PKT 文件，就可以在其他任务中直接执行步骤 2 的操作。

步骤 2：配置静态路由，实现全网互通。

（1）Router1 的静态路由配置：Router1 没有直连的网络都要配置为路由表项，分别有 30.0.0.0 和 40.0.0.0 两个网络。从 Router1 去这两个网络的数据包都要通过 Router2 的端口 Serial0/0/0 转发，因此 Router2 的端口 Serial0/0/0（地址）是 Router1 去往这两个网络的下一跳。

```
Router1(config)#ip route 30.0.0.0 255.255.255.0 20.0.0.2
Router1(config)#ip route 40.0.0.0 255.255.255.0 20.0.0.2
Router1(config)#
```

（2）Router2 的静态路由配置：Router2 没有直连的网络都要配置为路由表项，分别有 10.0.0.0 和 40.0.0.0 两个网络。从 Router2 去 10.0.0.0 网络的数据包要通过 Router1 的端口 Serial0/0/0 转发，去 40.0.0.0 网络的分组要通过 Router3 的端口 Serial0/0/0 转发，因此 Router1 的端口 Serial0/0/0（地址）和 Router3 的端口 Serial0/0/0（地址）分别是 Router2 去往这两个网络的下一跳。

```
Router2(config)#ip route 10.0.0.0 255.255.255.0 20.0.0.1
Router2(config)#ip route 40.0.0.0 255.255.255.0 30.0.0.2
Router2(config)#
```

（3）Router3 的静态路由配置：Router3 没有直连的网络都要配置为路由表项，分别有 10.0.0.0 和 20.0.0.0 两个网络。从 Router3 去这两个网络的数据包都要通过 Router2 的端口 Serial0/1/0 转发，因此 Router2 的端口 Serial0/0/0（地址）是 Router3 去往这两个网络的下一跳。

```
Router3(config)#ip route 10.0.0.0 255.255.255.0 30.0.0.1
Router3(config)#ip route 20.0.0.0 255.255.255.0 30.0.0.1
Router3(config)#
```

步骤 3：查看路由表，如图 14-2～图 14-4 所示。

步骤 4：测试全网的连通性。

（1）PC ping Server。

（2）PC 打开 Server 的网页，如图 14-5 所示。

14.1.4 任务小结

（1）配置静态路由时，对没有直连的网络都要配置为路由表项。

（2）静态路由适用于规模小且拓扑结构不经常变化的网络。

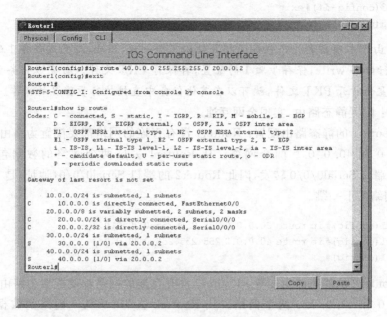

图 14-2　Router1 的路由表(1)

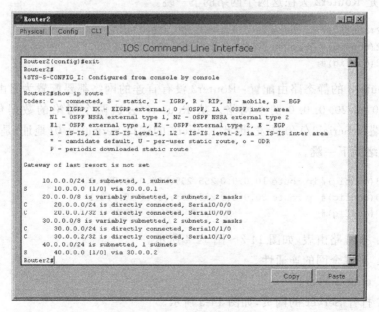

图 14-3　Router2 的路由表(1)

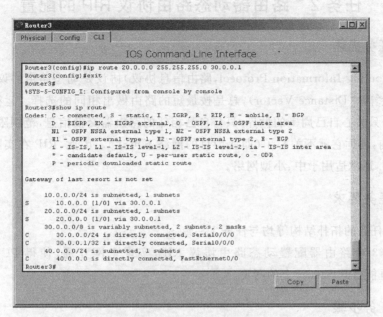

图 14-4 Router3 的路由表(1)

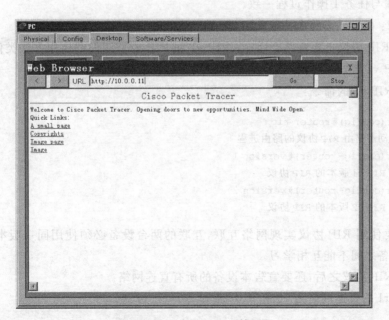

图 14-5 PC 打开 Server 的网页

任务 2　路由器动态路由协议 RIP 的配置

14.2.1　任务描述

RIP(Routing Information Protocol,路由信息协议)协议是动态路由协议的一种,基于距离矢量算法(Distance-Vector),总是按最短的路由做出相同的选择。运行这种协议的网络设备只关心自己周围的世界,只与自己相邻的路由器交换信息,范围限制在15跳(15度)之内,再远它就不关心了(即认为目的网络不可达)。因此,RIP 在实际应用中有一定的限制,通常适用于中、小型网络。

14.2.2　任务要求

(1) 本任务的拓扑结构等均与任务1一致。

(2) 在3台路由器配置动态路由协议 RIP,实现全网互通,使得 PC 能 ping 通 Server,并且能打开 Server 上的网页。

14.2.3　任务步骤

步骤1:路由器的基本配置。

该步骤与任务1操作过程一致。

步骤2:配置动态路由协议 RIP,实现全网互通。

目前,RIP 协议主要有两个版本:RIP v1 和 RIP v2。它们的启用方法类似。比较流行的是 RIP v2 版本。启用 RIP 协议,并使用对应版本的命令如下所述。

启用 RIP v1 的命令:

```
Router(config)#router rip
!启用动态路由 RIP 协议的路由进程
Router(config-router)#version 1
!使用 RIP v1 版本的 RIP 协议
Router(config-router)#version 2
!使用 RIP v2 版本的 RIP 协议
```

如果要使用 RIP 协议实现网络互联,互联的两台设备必须使用同一版本的 RIP 协议,否则设备之间不能互相学习。

开启 RIP 协议之后,还要宣告本设备的所有直连网络。

Router1 的直连网络为 10.0.0.0/24 和 20.0.0.0/24。

```
Router1(config)#router rip
Router1(config-router)#version 2
Router1(config-router)#network 10.0.0.0
Router1(config-router)#network 20.0.0.0
Router1(config-router)#no auto-summary
```

!在 IP 网络上禁用路由自动汇总成主类网络
Router1(config-router)#exit
Router1(config)#

Router2 的直连网络为 20.0.0.0/24 和 30.0.0.0/24。

Router2(config)#router rip
Router2(config-router)#version 2
Router2(config-router)#network 20.0.0.0
Router2(config-router)#network 30.0.0.0
Router2(config-router)#no auto-summary
Router2(config-router)#exit
Router2(config)#

Router3 的直连网络为 30.0.0.0/24 和 40.0.0.0/24。

Router3(config)#router rip
Router3(config-router)#version 2
Router3(config-router)#network 30.0.0.0
Router3(config-router)#network 40.0.0.0
Router3(config-router)#no auto-summary
Router3(config-router)#exit
Router3(config)#

步骤 3：查看路由表，如图 14-6～图 14-8 所示。

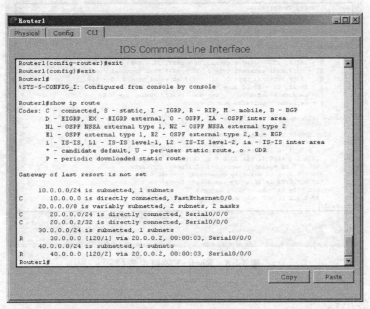

图 14-6　Router1 的路由表(2)

步骤 4：测试全网的连通性。
该步骤与任务 1 对应的步骤操作过程一致。

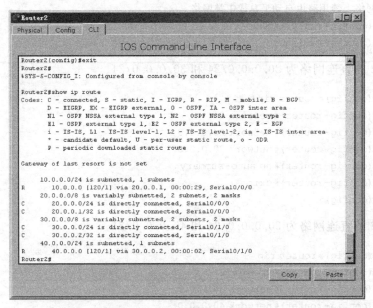

图 14-7　Router2 的路由表（2）

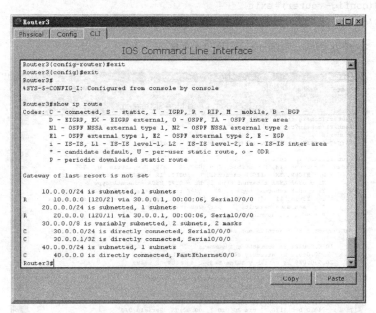

图 14-8　Router3 的路由表（2）

14.2.4　任务小结

（1）动态路由协议 RIP 的配置方法比静态路由更加简单、快捷，而且不容易出错，维护也更加方便。

（2）配置动态路由协议 RIP 时应注意：互联的网络设备都必须开启 RIP 协议；必须启用同一版本的 RIP 协议；宣告本设备的所有直连网络。

（3）禁用路由自动汇总功能只有 RIP v2 支持。

任务 3　路由器动态路由协议 OSPF 的配置

14.3.1　任务描述

OSPF(Open Shortest Path First，开放最短路径优先)协议与 RIP 协议不同，是链路状态路由协议的一种。链路是路由器接口的另一种说法，因此 OSPF 协议也称为接口状态路由协议。OSPF 协议通过路由器之间通告链路状态来建立链路状态数据库，生成最短路径优先树。每台运行 OSPF 协议的路由器使用最短路径优先树构造路由表。OSPF 协议不仅能计算两个网络节点之间的最短路径，而且能计算通信花费，还可根据网络用户的要求来平衡花费和性能，以便选择相应的路由。

14.3.2　任务要求

（1）本任务的拓扑结构等均与任务 1 一致。网络 10.0.0.0/24 和 20.0.0.0/24 位于区域 0(Area0)，网络 30.0.0.0/24 和 40.0.0.0/24 位于区域 1(Area1)，如图 14-9 所示。

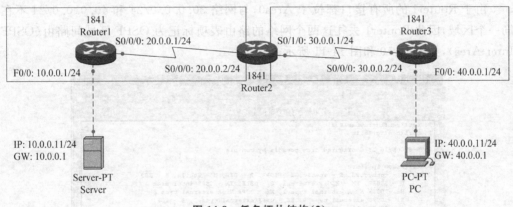

图 14-9　任务拓扑结构（2）

（2）在 3 台路由器配置动态路由协议 OSPF，实现全网互通，使得 PC 能 ping 通 Server，并且能打开 Server 上的网页。

14.3.3　任务步骤

步骤 1：路由器的基本配置。

该步骤与任务 1 操作过程一致。

步骤 2：配置动态路由协议 OSPF，实现全网互通。

开启 OSPF 协议之后，还要宣告本设备的所有直连网络。

Router1 的直连网络为 10.0.0.0/24 和 20.0.0.0/24。

```
Router1(config)#router ospf 1
Router1(config-router)#network 10.0.0.0 255.255.255.0 area 0
Router1(config-router)#network 20.0.0.0 255.255.255.0 area 0
Router1(config-router)#exit
Router1(config)#
```

Router2 的直连网络为 20.0.0.0/24 和 30.0.0.0/24。

```
Router2(config)#router ospf 1
Router2(config-router)#network 20.0.0.0 255.255.255.0 area 0
Router2(config-router)#network 30.0.0.0 255.255.255.0 area 1
Router2(config-router)#exit
Router2(config)#
```

Router3 的直连网络为 30.0.0.0/24 和 40.0.0.0/24。

```
Router3(config)#router ospf 1
Router3(config-router)#network 30.0.0.0 255.255.255.0 area 1
Router3(config-router)#network 40.0.0.0 255.255.255.0 area 1
Router3(config-router)#exit
Router3(config)#
```

步骤 3：查看路由表。

由于 Router1 的所有接口都位于 Area0，与网络 30.0.0.0/24 和 40.0.0.0/24 不在同一个区域，因此 Router1 去往这两个网络的路由表项标记为 OSPF 区域间路由（OSPF Inter Area），如图 14-10 和图 14-11 所示。

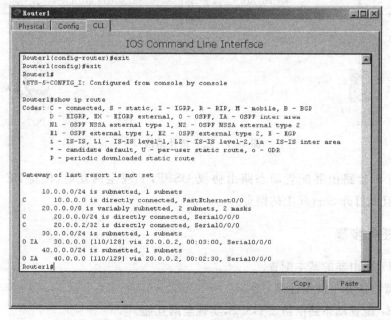

图 14-10　Router1 的路由表(3)

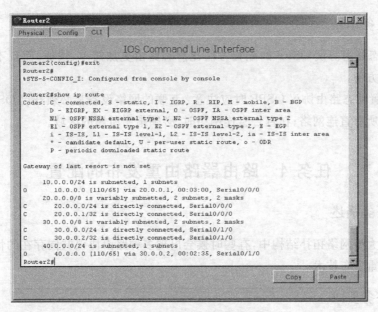

图 14-11 Router2 的路由表(3)

由于 Router3 的所有接口都位于 Area1，与网络 10.0.0.0/24 和 20.0.0.0/24 不在同一个区域，因此 Router3 去往这两个网络的路由表项标记为 OSPF 区域间路由(OSPF Inter Area)，如图 14-12 所示。

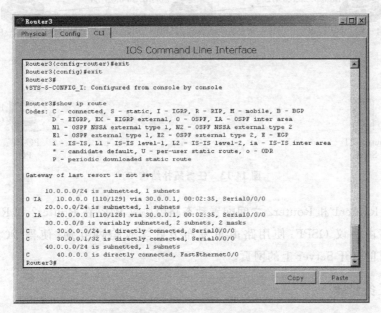

图 14-12 Router3 的路由表(3)

步骤 4：测试全网的连通性。

该步骤与任务 1 对应的步骤操作过程一致。

14.3.4 任务小结

（1）动态路由协议 OSPF 的配置方法比静态路由更加简单、快捷，而且不容易出错，维护也更加方便。

（2）配置动态路由协议 OSPF 时应注意：互联的网络设备都必须开启 OSPF 协议；宣告本设备的所有直连网络；在宣告直连网络时，必须指明所属的区域。

任务 4 路由器路由重发布的配置

14.4.1 任务描述

在一些大型网络拓扑结构中，有些时候会出现多种路由协议共同存在的情况，这就需要用到路由重发布技术。

14.4.2 任务要求

（1）本任务的拓扑结构等均与任务 1 一致，如图 14-13 所示。

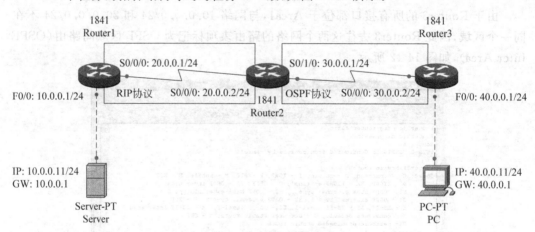

图 14-13 任务拓扑结构（3）

（2）在 Router1 和 Router2 之间配置动态路由协议 RIP，在 Router2 和 Router3 之间配置动态路由协议 OSPF；使用路由重发布方式实现全网互通，使得 PC 能 ping 通 Server，并且能打开 Server 上的网页。

14.4.3 任务步骤

步骤 1：路由器的基本配置。
该步骤与任务 1 操作过程一致。
步骤 2：在 Router1 和 Router2 之间配置动态路由协议 RIP，实现 Router1 和 Router2 互通。

Router1：

```
Router1(config)#router rip
Router1(config-router)#version 2
Router1(config-router)#network 10.0.0.0
Router1(config-router)#network 20.0.0.0
Router1(config-router)#no auto-summary
Router1(config-router)#exit
Router1(config)#
```

Router2：

```
Router2(config)#router rip
Router2(config-router)#version 2
Router2(config-router)#network 20.0.0.0
Router2(config-router)#network 30.0.0.0
Router2(config-router)#no auto-summary
Router2(config-router)#exit
Router2(config)#
```

步骤3：在 Router2 和 Router3 之间配置动态路由协议 OSPF，实现 Router2 和 Router3 互通。

Router2：

```
Router2(config)#router ospf 1
Router2(config-router)#network 20.0.0.0 255.255.255.0 area 0
Router2(config-router)#network 30.0.0.0 255.255.255.0 area 0
Router2(config-router)#exit
Router2(config)#
```

Router3：

```
Router3(config)#router ospf 1
Router3(config-router)#network 30.0.0.0 255.255.255.0 area 0
Router3(config-router)#network 40.0.0.0 255.255.255.0 area 0
Router3(config-router)#exit
Router3(config)#
```

步骤4：配置路由重发布，实现全网互通。

因为 Router2 在网络同时运行两种动态路由协议 RIP 和 OSPF，所以必须在 Router2 上配置路由重发布，才能实现全网互通。

```
Router2(config)#router ospf 1
Router2(config-router)#redistribute rip subnets
!在路由进程 OSPF 协议重发布 RIP 协议生成的路由
Router2(config-router)#exit
Router2(config)#router rip
Router2(config-router)#redistribute ospf 1 metric 2
Router2(config-router)#exit
```

Router2(config)#

步骤 5：查看路由表，如图 14-4~图 14-16 所示。

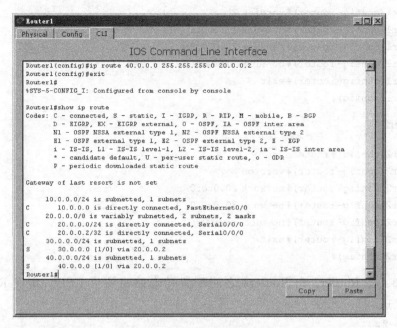

图 14-14　Router1 的路由表（4）

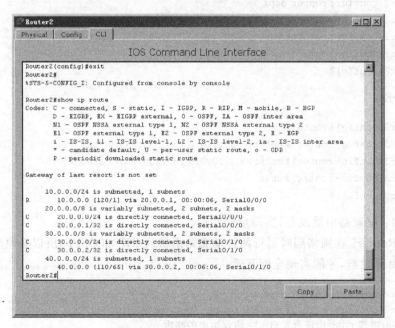

图 14-15　Router2 的路由表（4）

步骤 6：测试全网的连通性。
该步骤与任务 1 对应的步骤操作过程一致。

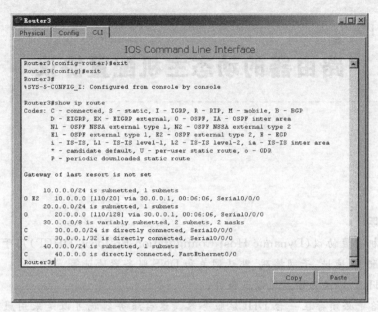

图 14-16　Router3 的路由表(4)

14.4.4　任务小结

利用路由重发布方式，可以将一种协议的路由信息发布到另一种协议的路由信息中，实现网络设备间互相学习，实现全网互通。这在大型网络中经常用到。

项目 15
路由器的动态主机配置协议

Project 15

项目说明

动态主机配置协议(Dynamic Host Configuration Protocol，DHCP)用于给网络中的节点动态分配 IP 地址、子网掩码、默认网关和 DNS 服务器地址等。

应用 DHCP 协议必须满足以下条件。

(1) 网络中必须存在一台 DHCP 服务器。这台服务器既可以是采用服务器版网络操作系统的计算机，也可以是三层交换机或路由器。

(2) 客户端要设置为"自动获得 IP 地址"的方式，才能正常获取到 DHCP 服务器提供的 IP 地址。

(3) 多网段的网络中，DHCP 报文必须通过 DHCP 中继才能传递给客户端。

本项目重点学习动态主机配置协议。通过本项目的学习，读者将获得以下两个方面的学习成果。

(1) DHCP 服务的配置。

(2) DHCP 中继的配置。

任务 1 DHCP 服务的配置

15.1.1 任务描述

大型网络一般都采用 DHCP 协议作为 IP 配置分配的方法。DHCP 服务器既可以采用三层交换机，也可以采用路由器。本任务以路由器为例，将其配置为 DHCP 服务器。

15.1.2 任务要求

(1) 任务的拓扑结构如图 15-1 所示。

(2) 任务所需的设备类型、型号、数量等如表 15-1 所示。

(3) 各设备的接口连接如表 15-2 所示。

(4) 开启 DHCP 服务，使连接在路由器上的不同接口的计算机获得相应的 IP 地址、子网掩码、默认网关和 DNS 服务器地址等 IP 配置，实现全网互通。DHCP 服务参数如表 15-3 所示。

项目15 路由器的动态主机配置协议

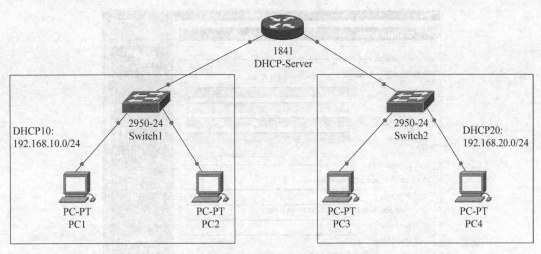

图 15-1 任务拓扑结构(1)

表 15-1 设备类型、型号、数量和名称(1)

类 型	型 号	数 量	设 备 名 称
路由器	1841	1	DHCP-Server
二层交换机	2950-24	2	Switch1,Switch2
计算机	PC-PT	4	PC1,PC2,PC3,PC4

表 15-2 设备接口连接(1)

设备接口 1	设备接口 2	线 缆 类 型
DHCP-Server:FastEthernet0/0	Switch1:FastEthernet0/24	直通线
DHCP-Server:FastEthernet0/1	Switch2:FastEthernet0/24	直通线
Switch1:FastEthernet0/1	PC1:FastEthernet0	直通线
Switch1:FastEthernet0/2	PC2:FastEthernet0	直通线
Switch2:FastEthernet0/1	PC3:FastEthernet0	直通线
Switch2:FastEthernet0/2	PC4:FastEthernet0	直通线

表 15-3 DHCP 服务参数(1)

地址池	地址范围	默认网关	DNS 服务器	排 除 范 围
DHCP10	192.168.10.0/24	192.168.10.1	192.168.10.1	192.168.10.1~192.168.10.10
DHCP20	192.168.20.0/24	192.168.20.1	192.168.20.1	192.168.20.1~192.168.20.10

15.1.3 任务步骤

步骤1：检查计算机的 IP 配置。

通过 PC 的 Desktop→IP Configuration 工具查看当前计算机的 IP 配置信息。由于当前网络中没有 DHCP 服务器，所以选择 DHCP 后，显示 DHCP request failed.(DHCP 请求失败)，如图 15-2 所示。

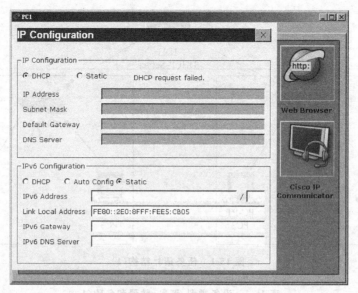

图 15-2 DHCP 请求失败

步骤 2：路由器的基本配置。

路由器的基本配置包括接口 IP 地址的配置和启用等。

```
Router(config)#interface fastethernet 0/0
Router(config-if)#ip address 192.168.10.1 255.255.255.0
Router(config-if)#no shutdown
Router(config-if)#exit
Router(config)#interface fastethernet 0/1
Router(config-if)#ip address 192.168.20.1 255.255.255.0
Router(config-if)#no shutdown
Router(config-if)#exit
Router(config)#
```

步骤 3：配置路由器的 DHCP 服务。

为了实现路由器两个接口所连的计算机分别获取不同网段的 IP 地址，需要配置两个 DHCP 地址池。

```
Router(config)#ip dhcp pool DHCP10
Router(dhcp-config)#network 192.168.10.0 255.255.255.0
Router(dhcp-config)#default-router 192.168.10.1
Router(dhcp-config)#dns-server 192.168.10.1
Router(dhcp-config)#exit
Router(config)#ip dhcp pool DHCP20
Router(dhcp-config)#network 192.168.20.0 255.255.255.0
Router(dhcp-config)#default-router 192.168.20.1
Router(dhcp-config)#dns-server 192.168.20.1
Router(dhcp-config)#exit
Router(config)#ip dhcp excluded-address 192.168.10.1 192.168.10.10
Router(config)#ip dhcp excluded-address 192.168.20.1 192.168.20.10
```

Router(config)#

步骤 4：验证 DHCP 服务。

再次打开 PC 的 Desktop→IP Configuration 工具查看当前计算机的 IP 配置信息。由于当前网络中存在 DHCP 服务器，所以选择 DHCP 后，显示 DHCP request successful.（DHCP 请求成功），如图 15-3 所示。

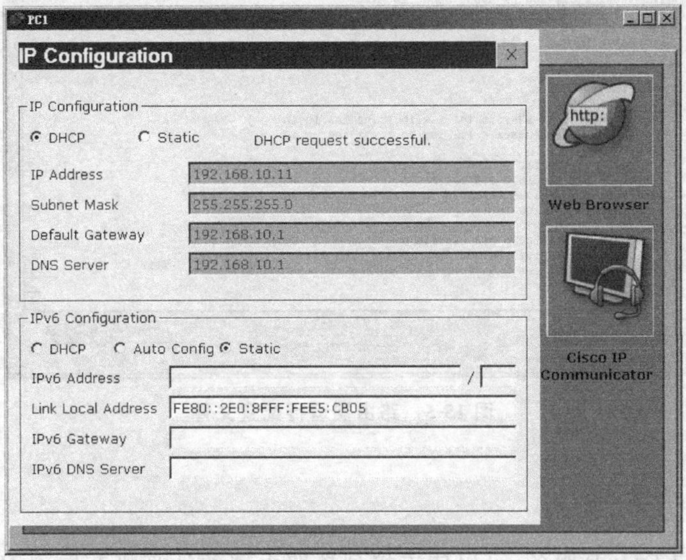

图 15-3 DHCP 请求成功(1)

在路由器的特权模式执行命令 show ip dhcp binding，显示当前 DHCP 服务的情况，如图 15-4 所示。

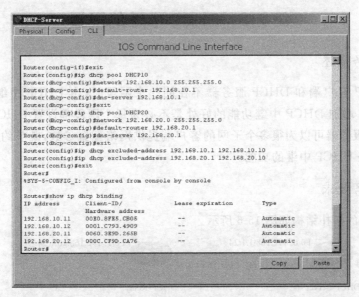

图 15-4 动态主机配置协议状态

配置完成后,路由器的运行配置文件如图 15-5 所示。

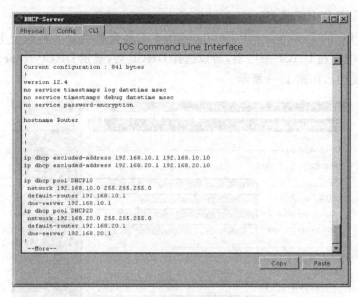

图 15-5　路由器运行配置文件

15.1.4　任务小结

路由器开启 DHCP 服务,可以使连接到该路由器的计算机获取到 IP 地址、子网掩码、默认网关和 DNS 服务器地址等 IP 配置。当网络中的计算机数量庞大时,使用 DHCP 服务,可以很方便地为每一台计算机设置相应的 IP 配置。

任务 2　DHCP 中继的配置

15.2.1　任务描述

当 DHCP 客户端和 DHCP 服务器不在同一个网段时,由 DHCP 中继服务器传递 DHCP 报文。增加 DHCP 中继功能的好处是不必为每个网段都设置 DHCP 服务器,同一个 DHCP 服务器可以为很多个子网的客户端提供网络配置参数,既节约成本,又方便管理。这就是 DHCP 中继的功能。

15.2.2　任务要求

(1) 任务的拓扑结构如图 15-6 所示。

图 15-6　任务拓扑结构(2)

(2) 任务所需的设备类型、型号、数量等如表 15-4 所示。

表 15-4 设备类型、型号、数量和名称(2)

类 型	型 号	数 量	设备名称
路由器	1841	2	DHCP-Server,DHCP-Relay
计算机	PC-PT	1	PC

(3) 各设备的端口连接如表 15-5 所示。

表 15-5 设备端口连接(2)

设备端口 1	设备端口 2	线 缆 类 型
Router1：FastEthernet0/0	Router2：FastEthernet0/0	交叉线
Router2：FastEthernet0/1	PC1：FastEthernet0	交叉线

(4) 各节点的 IP 配置如表 15-6 所示。

表 15-6 节点 IP 配置

节 点	IP 地址	默 认 网 关
Router1：FastEthernet0/0	192.168.0.1/24	
Router2：FastEthernet0/0	192.168.0.2/24	
Router2：FastEthernet0/1	192.168.10.1/24	

(5) 在 Router1 上配置 DHCP 服务，在 Router2 上配置 DHCP 中继，使得 PC 通过 Router2 获取 Router1 的 DHCP 服务分配的 IP 地址、子网掩码、默认网关和 DNS 服务器地址等 IP 配置，如表 15-7 所示。

表 15-7 DHCP 服务参数(2)

地址池	地址范围	默认网关	DNS 服务器	排 除 范 围
DHCP10	192.168.10.0/24	192.168.10.1	192.168.10.1	192.168.10.1～192.168.10.10

15.2.3 任务步骤

步骤 1：配置 DHCP 服务器。

DHCP 服务器的配置包括路由器重命名、接口 FastEthernet0/0 的 IP 地址配置、DHCP 服务配置。

```
Router(config)#hostname DHCP-Server
DHCP-Server(config)#interface fastethernet 0/0
DHCP-Server(config-if)#ip address 192.168.0.1 255.255.255.0
DHCP-Server(config-if)#no shutdown
DHCP-Server(config-if)#exit
DHCP-Server(config)#ip dhcp pool DHCP10
DHCP-Server(dhcp-config)#network 192.168.10.0 255.255.255.0
DHCP-Server(dhcp-config)#default-router 192.168.10.1
DHCP-Server(dhcp-config)#dns-server 192.168.10.1
```

```
DHCP-Server(dhcp-config)#exit
DHCP-Server(config)#ip dhcp excluded-address 192.168.10.1 192.168.10.10
DHCP-Server(config)#ip route 192.168.10.0 255.255.255.0 192.168.0.2
DHCP-Server(config)#
```

步骤2：配置DHCP中继服务器。

DHCP中继服务器的配置包括路由器重命名、接口FastEthernet0/0和FastEthernet0/1的IP地址配置、DHCP中继服务配置。

```
Router(config)#hostname DHCP-Relay
DHCP-Relay(config)#interface fastethernet 0/0
DHCP-Relay(config-if)#ip address 192.168.0.2 255.255.255.0
DHCP-Relay(config-if)#no shutdown
DHCP-Relay(config-if)#exit
DHCP-Relay(config)#interface fastethernet 0/1
DHCP-Relay(config-if)#ip address 192.168.10.1 255.255.255.0
DHCP-Relay(config-if)#ip helper-address 192.168.0.1
DHCP-Relay(config-if)#no shutdown
DHCP-Relay(config-if)#exit
DHCP-Relay(config)#
```

步骤3：验证DHCP服务。

打开DHCP客户端的Desktop→IP Configuration工具查看当前计算机的IP配置信息。由于DHCP客户端通过DHCP中继服务器连接到DHCP服务器，所以选择DHCP后，显示DHCP request successful.（DHCP请求成功），如图15-7所示。

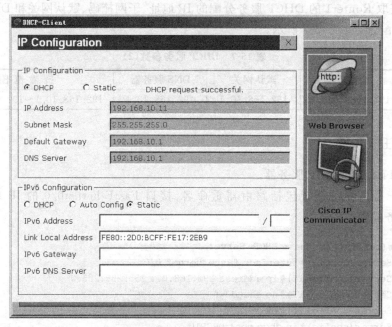

图15-7　DHCP请求成功(2)

步骤4：查看DHCP中继服务器的运行配置文件，如图15-8所示。

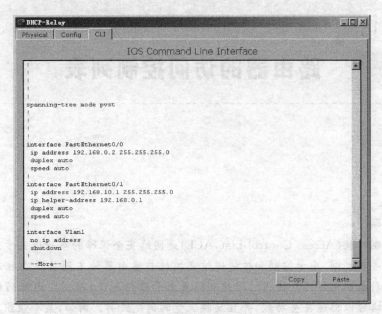

图 15-8　DHCP 中继服务器的运行配置文件

15.2.4　任务小结

DHCP 中继功能使得同一台 DHCP 服务器同时为不同子网的 DHCP 客户端提供 IP 配置。

项目 16

路由器的访问控制列表

Project 16

项目说明

访问控制列表(Access Control List,ACL)是网络安全保障的第一道关卡。访问控制列表提供了一种机制,用于控制和过滤通过交换机与路由器的不同接口去往不同方向的信息流。这种机制允许用户使用访问控制列表来管理信息流,以制定内部网络的相关策略。这些策略可以描述安全功能,并且反映流量的优先级别。例如,某个组织可能希望允许或拒绝 Internet 上的用户访问内部 Web 服务器,或者允许内部网络上一个或多个节点将数据流发到外部网络上。这些功能都可以通过访问控制列表来完成。

访问控制列表使用包过滤技术,在交换机与路由器上读取第三层及第四层数据包头中的信息,如源地址、目的地址、源端口、目的端口等,根据预先定义好的规则对数据包进行过滤,达到访问控制的目的。该技术初期仅在路由器上支持,近些年已经扩展到三层交换机,部分最新的二层交换机也开始提供访问控制列表的支持。

访问控制列表的使用原则。

(1) 最小特权原则:只给受控对象完成任务必需的最小权限。也就是说,受控制的总规则是各个规则的交集,只满足部分条件的数据包不允许通过规则。

(2) 最靠近受控对象原则:所有的网络层访问权限控制。也就是说,在检查规则时,自上而下,在访问控制列表中一条条检测,只要发现符合条件了,就立刻转发,不继续检查下面的访问控制列表语句。

(3) 默认丢弃原则:在 Cisco 路由交换设备中,为访问控制列表默认加入最后一句 deny any any,也就是丢弃所有不符合条件的数据包。这一点要特别注意,虽然可以修改这个默认,但是尚未修改前一定要引起重视。

由于访问控制列表是使用包过滤技术实现的,过滤的依据仅是第三层和第四层数据包头中的部分信息。这种技术有局限性,如无法识别到具体的人,无法识别到应用内部的权限级别等。因此,要达到端到端的权限控制目的,需要和系统级及应用级的访问权限控制结合使用。

访问控制列表基于接口应用规则,分为入站应用和出站应用。入站应用是指由外部经该接口进入交换机与路由器的数据包进行过滤;出站应用是指交换机与路由器从该接口向外转发数据时进行数据包的过滤。

本项目重点学习交换机的访问控制列表的配置。通过本项目的学习,读者将获得以下六个方面的学习成果。

(1) 标准访问控制列表的配置。
(2) 扩展访问控制列表的配置。
(3) 基于名称的访问控制列表的配置。
(4) 单向访问控制列表的配置。
(5) 基于时间的访问控制列表的配置。
(6) 访问控制列表流量记录的配置。

任务 1 标准访问控制列表

16.1.1 任务描述

访问控制列表分很多种,在不同场合应用不同种类的访问控制列表。其中最简单的就是标准访问控制列表,通过使用 IP 数据包中的源 IP 地址进行过滤,使用 1~99 的 ACL 号来创建相应的访问控制列表。

标准访问控制列表的格式如下:

`access-list ACL 号 permit | deny host ip 地址`

例如:

`access-list 11 deny host 192.168.1.1`

这条规则将所有来自 IP 地址为 192.168.1.1 的数据包丢弃。

当然,也可以用网段来表示,对某个网段进行过滤。

例如,以下规则:

`access-list 11 deny 192.168.1.0 0.0.0.255`

将所有来自 IP 地址段为 192.168.1.0/24 的数据包丢弃。

Cisco 规定在访问控制列表中使用反向掩码表示子网掩码。反向掩码 0.0.0.255 的代表子网掩码为 255.255.255.0。

对于标准访问控制列表来说,规则的默认参数是 host(单台主机),也就是说,以下规则:

`access-list 10 deny 192.168.1.1`

表示"拒绝 192.168.1.1 这台主机数据包通信",以省去输入参数 host。

16.1.2 任务要求

(1) 任务的拓扑结构如图 16-1 所示。
(2) 任务所需的设备类型、型号、数量等如表 16-1 所示。

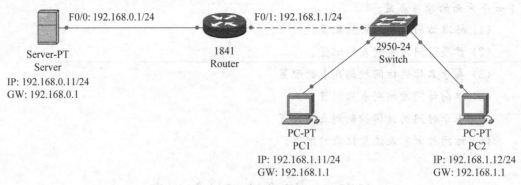

图 16-1 任务拓扑结构(1)

表 16-1 设备类型、型号、数量和名称(1)

类　　型	型　　号	数　　量	设 备 名 称
路由器	1841	1	Router
二层交换机	2950-24	1	Switch
服务器	Server-PT	1	Server
计算机	PC-PT	2	PC1,PC2

(3) 各设备的接口连接如表 16-2 所示。

表 16-2 设备接口连接(1)

设备接口 1	设备接口 2	线 缆 类 型
Router：FastEthernet0/0	Server：FastEthernet0	交叉线
Router：FastEthernet0/1	Switch：FastEthernet0/24	直通线
Switch：FastEthernet0/1	PC1：FastEthernet0	直通线
Switch：FastEthernet0/2	PC2：FastEthernet0	直通线

(4) 各节点的 IP 配置如表 16-3 所示。

表 16-3 节点 IP 配置(1)

节　　点	IP 地 址	默 认 网 关
Router：FastEthernet0/0	192.168.0.1/24	
Router：FastEthernet0/1	192.168.1.1/24	
Server：FastEthernet0	192.168.0.11/24	192.168.0.1
PC1：FastEthernet0	192.168.1.11/24	192.168.1.1
PC2：FastEthernet0	192.168.1.12/24	192.168.1.1

(5) 在 Router 上创建标准访问控制列表。

① 禁止网段 192.168.1.0/24 访问网段 192.168.0.0/24，但是允许 192.168.1.11 访问。

② 允许网段 192.168.1.0/24 访问网段 192.168.0.0/24,但是禁止 192.168.1.11 访问。

16.1.3 任务步骤

步骤 1：路由器的基本配置。

```
Router(config)#interface fastethernet 0/0
Router(config-if)#ip address 192.168.0.1 255.255.255.0
Router(config-if)#no shutdown
Router(config-if)#interface fastethernet 0/1
Router(config-if)#ip address 192.168.1.1 255.255.255.0
Router(config-if)#no shutdown
Router(config-if)#exit
Router(config)#
```

提示：由于本项目的任务 1、2、3 的拓扑结构等完全一致，因此，在完成任务 1 的步骤 1 的配置后，执行命令 write，保存步骤 1 的配置，再保存 PKT 文件。当完成任务 1 的全部操作步骤后，重新打开 PKT 文件，就可以在其他任务 2、3 中直接执行步骤 2 的操作。

步骤 2：创建路由器标准访问控制列表(1)。

在路由器创建标准访问控制列表：禁止网段 192.168.1.0/24 访问网段 192.168.0.0/24，但是允许 192.168.1.11 访问，并在 FastEthernet0/0 上应用该标准访问控制列表。

```
Router(config)#access-list 11 permit host 192.168.1.11
Router(config)#access-list 11 deny any
Router(config)#interface fastethernet 0/0
Router(config-if)#ip access-group 11 out
!将 ACL 号为 11 的标准访问控制列表应用到 FastEthernet0/0 的出站应用
Router(config-if)#exit
Router(config)#
```

步骤 3：任务测试(1)。

在 PC1 上 ping Server，结果是通的；在 PC2 上 ping Server，结果是不通的。

步骤 4：查看路由器的运行配置文件，如图 16-2 和图 16-3 所示。

步骤 5：创建路由器标准访问控制列表(2)。

在路由器创建标准访问控制列表：允许网段 192.168.1.0/24 访问网段 192.168.0.0/24，但是禁止 192.168.1.11 访问，并在 FastEthernet0/0 上应用该标准访问控制列表。

```
Router(config)#access-list 12 deny host 192.168.1.11
Router(config)#access-list 12 permit any
Router(config)#interface fastethernet 0/0
Router(config-if)#ip access-group 12 out
Router(config-if)#exit
Router(config)#
```

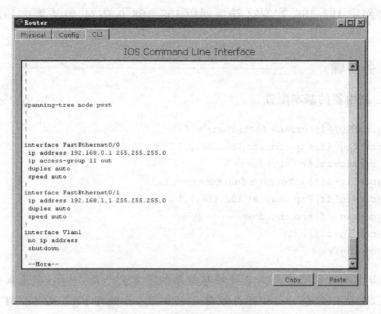

图 16-2　路由器的运行配置文件(1)

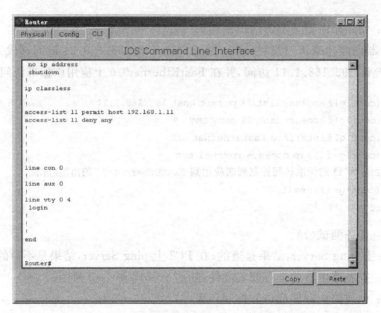

图 16-3　路由器的运行配置文件(2)

步骤 6：任务测试(2)。

在 PC1 上 ping Server，结果是不通的；在 PC2 上 ping Server，结果是通的。

步骤 7：查看路由器的运行配置文件(3)，如图 16-4 所示。

16.1.4　任务小结

(1) 标准访问控制列表要应用在尽量靠近目的地址的接口。

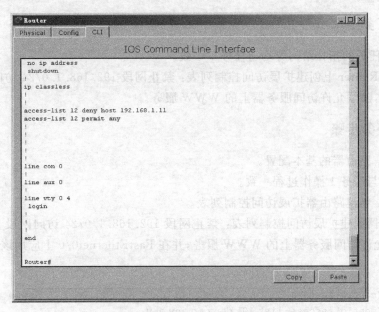

图 16-4　路由器的运行配置文件(3)

(2) 标准访问控制列表占用路由器资源很少,是一种最基本、最简单的访问控制列表格式。标准访问控制列表应用到节点级别,经常在要求控制级别较低、控制粒度较粗的情况下使用。如果需要控制级别较高、控制粒度较细,需要使用扩展访问控制列表,它可以应用到端口级别。

任务 2　扩展访问控制列表

16.2.1　任务描述

标准访问控制列表是基于 IP 地址进行过滤的,是最简单的访问控制列表。那么,如果希望将过滤细到端口,怎么办呢? 或者希望对数据包的目的地址进行过滤。这时候需要使用扩展访问控制列表,以便有效地允许用户访问物理 LAN,而不允许他使用某个特定服务(如 WWW、FTP 等)。扩展访问控制列表使用的 ACL 号为 100~199。

扩展访问控制列表的配置命令的格式如下所示:

access-list ACL号 [permit | deny] [协议] [定义过滤源主机范围] [定义过滤源端口]
[定义过滤目的主机访问] [定义过滤目的端口]

例如,以下规则:

access-list 101 deny tcp any host 192.168.1.1 eq www

将所有主机访问 192.168.1.1 这个地址的 WWW 服务的 TCP 连接的数据包丢弃。

同样,在扩展访问控制列表中也可以定义过滤某个网段。当然,和标准访问控制列表一样,需要使用反向掩码定义 IP 地址段的子网掩码。

16.2.2 任务要求

（1）本任务的拓扑结构等均与任务1一致。

（2）在 Router 上创建扩展访问控制列表：禁止网段192.168.1.0/24访问网段192.168.0.0/24，除了允许访问服务器上的 WWW 服务。

16.2.3 任务步骤

步骤1：路由器的基本配置。

该步骤与任务1操作过程一致。

步骤2：创建路由器扩展访问控制列表。

在路由器创建扩展访问控制列表：禁止网段192.168.1.0/24访问网段192.168.0.0/24，除了允许访问服务器上的 WWW 服务，并在 FastEthernet0/0 上应用该扩展访问控制列表。

```
Router(config)#access-list 101 permit tcp any host 192.168.0.11 eq www
Router(config)#access-list 101 deny ip any any
Router(config)#interface fastethernet 0/0
Router(config-if)#ip access-group 101 out
Router(config-if)#exit
Router(config)#
```

步骤3：任务测试。

PC1 和 PC2 不能 ping 通 Server，但是可以访问 Server 的 WWW 服务。

步骤4：查看路由器的运行配置文件，如图16-5所示。

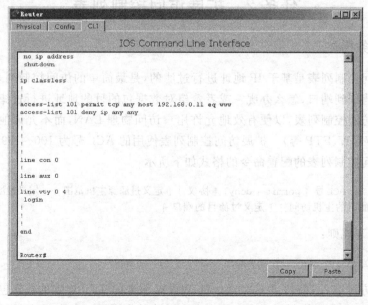

图16-5 路由器的运行配置文件（4）

16.2.4 任务小结

（1）扩展访问控制列表有一个最大的好处就是可以保护服务器。例如，很多服务器为了更好地提供服务，都是暴露在外部网络上的；如果所有端口都对外界开放，很容易招来黑客和病毒的攻击。通过扩展访问控制列表，可以将除了服务端口以外的其他端口都封掉，降低了被攻击的概率。如本例就是仅将 80 端口对外界开放。

（2）扩展访问控制列表功能很强大，可以控制源 IP 地址、目的 IP 地址、源端口、目的端口等，实现相当精细的控制。扩展访问控制列表不仅读取 IP 数据包头的源/目的地址，还要读取第四层数据包头中的源端口和目的端口。不过扩展访问控制列表存在一个缺点，就是在没有硬件访问控制列表加速的情况下，会消耗大量的交换机和路由器 CPU 资源。所以，当使用中、低档交换机和路由器时，应尽量减少扩展访问控制列表的条目数，将其简化为标准访问控制列表，或将多条扩展访问控制列表合并。

任务 3　基于名称的访问控制列表

16.3.1 任务描述

不管是标准访问控制列表还是扩展访问控制列表，都有一个弊端，就是当设置好访问控制列表的规则后，如果发现其中的某条规则有问题，希望修改或删除的话，只能将全部访问控制列表信息都删除。也就是说，修改一条或删除一条都会影响到整个访问控制列表。这给网络管理人员带来沉重的工作负担。通过使用基于名称的访问控制列表可以解决这个问题。

基于名称的访问控制列表的格式如下所示：

ip access-list [standard | extended] [ACL 名称]
permit 规则
deny 规则

例如：

ip access-list standard acl1

建立了一个名为 acl1 的标准访问控制列表。

16.3.2 任务要求

（1）本任务的拓扑结构等均与任务 1 一致。

（2）在 Router 上创建基于名称的扩展访问控制列表：禁止网段 192.168.1.0/24 访问网段 192.168.0.0/24，除了允许访问服务器上的 WWW 服务。

16.3.3 任务步骤

步骤 1：路由器的基本配置。

该步骤与任务 1 操作过程一致。

步骤 2：创建路由器基于名称的扩展访问控制列表。

在路由器创建基于名称的扩展访问控制列表：禁止网段 192.168.1.0/24 访问网段 192.168.0.0/24，除了允许访问服务器上的 WWW 服务，并在 FastEthernet0/0 上应用该扩展访问控制列表。

```
Router(config)#ip access-list extended acl101
Router(config-ext-nacl)#permit tcp any host 192.168.0.11 eq www
Router(config-ext-nacl)#deny ip any any
Router(config-ext-nacl)#exit
Router(config)#interface fastethernet 0/0
Router(config-if)#ip access-group acl101 out
Router(config-if)#exit
Router(config)#
```

步骤 3：任务测试。

PC1 和 PC2 不能 ping 通 Server，但是可以访问 Server 的 WWW 服务。

步骤 4：查看路由器的运行配置文件，如图 16-6 所示。

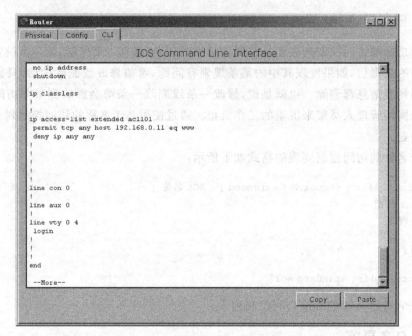

图 16-6　路由器的运行配置文件（5）

16.3.4　任务小结

如果设置访问控制列表的规则比较多，应该使用基于名称的访问控制列表来管理，以减轻很多后期维护工作，方便随时调整访问控制列表规则。

任务4 单向访问控制列表

16.4.1 任务描述

在扩展 ACL 中有一个可选参数(established),用作 TCP 的单向访问控制,称为反向访问控制。这种设计基于 TCP 建立连接的三次握手。在 TCP 会话中,初始的数据包只有 Sequence(序列号)而没有 ACK(确认号)。如果受保护的网络主动发起对外部网络的 TCP 访问,外部返回的数据包将携带 TCP ACK 号。这样的数据包将被允许,而外部主动发起的对内部受保护网络的攻击不会被允许,因为只有序列号,没有确认号。

16.4.2 任务要求

(1) 任务的拓扑结构如图 16-7 所示。

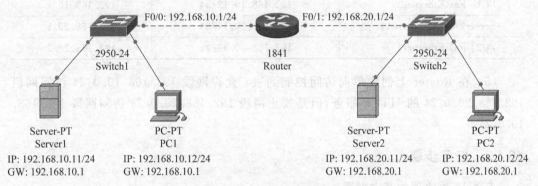

图 16-7 任务拓扑结构(2)

(2) 任务所需的设备类型、型号、数量等如表 16-4 所示。

表 16-4 设备类型、型号、数量和名称(2)

类 型	型 号	数 量	设 备 名 称
路由器	1841	1	Router
二层交换机	2950-24	2	Switch1,Switch2
服务器	Server-PT	2	Server1,Server2
计算机	PC-PT	2	PC1,PC2

(3) 各设备的接口连接如表 16-5 所示。

表 16-5 设备接口连接(2)

设备接口 1	设备接口 2	线 缆 类 型
Router1:FastEthernet0/0	Switch1:FastEthernet0/24	直通线
Router1:FastEthernet0/1	Switch2:FastEthernet0/24	直通线
Switch1:FastEthernet0/1	Server1:FastEthernet0	直通线

设备接口 1	设备接口 2	线 缆 类 型
Switch1：FastEthernet0/2	PC1：FastEthernet0	直通线
Switch2：FastEthernet0/1	Server2：FastEthernet0	直通线
Switch2：FastEthernet0/2	PC2：FastEthernet0	直通线

（4）各节点的 IP 配置如表 16-6 所示。

表 16-6 节点 IP 配置(2)

节　　点	IP 地址	默 认 网 关
Router：FastEthernet0/0	192.168.10.1/24	
Router：FastEthernet0/1	192.168.20.1/24	
Server1：FastEthernet0	192.168.10.11/24	192.168.10.1
PC1：FastEthernet0	192.168.10.12/24	192.168.10.1
Server2：FastEthernet0	192.168.20.11/24	192.168.20.1
PC2：FastEthernet0	192.168.20.12/24	192.168.20.1

（5）在 Router 上创建单向访问控制列表：允许网段 192.168.10.0/24 访问网段 192.168.20.0/24 的 HTTP 服务,但是禁止网段 192.168.20.0/24 访问网段 192.168.10.0/24。

16.4.3 任务步骤

步骤 1：路由器的基本配置。

```
Router(config)#interface fastethernet 0/0
Router(config-if)#ip address 192.168.10.1 255.255.255.0
Router(config-if)#no shutdown
Router(config-if)#exit
Router(config)#interface fastethernet 0/1
Router(config-if)#ip address 192.168.20.1 255.255.255.0
Router(config-if)#no shutdown
Router(config-if)#exit
Router(config)#
```

步骤 2：创建路由器单向访问控制列表。

在路由器创建单向访问控制列表：允许网段 192.168.10.0/24 访问网段 192.168.20.0/24 的 HTTP 服务,但是禁止网段 192.168.20.0/24 访问网段 192.168.10.0/24,并在 FastEthernet0/0 上应用该单向访问控制列表。

```
Router(config)#ip access-list extended acl101
Router(config-ext-nacl)#permit tcp 192.168.20.0 0.0.0.255 eq www 192.168.10.0 0.0.0.255 established
```

!访问控制列表末尾添加 established 参数,因为允许网段 192.168.10.0/24 访问网段 192.

168.20.0/24 的 HTTP 服务,所以源和目的地址以及目的端口不能搞错:这个访问控制列表是当网段 192.168.10.0/24 的 HTTP 建立连接的请求发到网段 192.168.20.0/24 的 Server2,Server2 回复的 TCP 数据包中携带 ACK 号才匹配的,所以源地址是网段 192.168.20.0/24,源端口是网段 192.168.20.0/24 的 Server2 的 HTTP 端口 80。目的端口是网段 192.168.10.0/24 的节点的一个随机端口,没有写出来,表示匹配所有端口

```
Router(config-ext-nacl)#exit
Router(config)#interface fastethernet 0/0
Router(config-if)#ip access-group acl101 out
Router(config-if)#exit
Router(config)#
```

步骤 3:任务测试。

网段 192.168.10.0/24 ping 网段 192.168.20.0/24 提示"请求超时"(Request timed out.),但是可以访问 Server2 的 HTTP 服务。

网段 192.168.20.0/24 ping 网段 192.168.10.0/24 提示"目标主机不可达"(Destination host unreachable.),即不可访问 Server1 的 HTTP 服务。

要实现网段 192.168.10.0/24 ping 通网段 192.168.20.0/24,需要添加匹配 ICMP 的访问控制列表规则。

```
Router(config)#ip access-list extended acl101
Router(config-ext-nacl)#permit icmp 192.168.20.0 0.0.0.255 192.168.10.0 0.0.0.255 echo-reply
Router(config-ext-nacl)#exit
Router(config)#
```

步骤 4:查看路由器的运行配置文件,如图 16-8 所示。

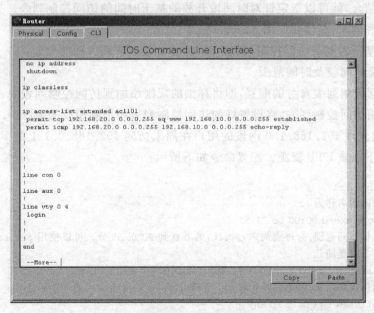

图 16-8 路由器的运行配置文件(6)

16.4.4 任务小结

因为参数 established 只能用于基于 TCP 的协议，对于 UDP 等协议不起作用，所以实际应用中很少用它。

任务5　基于时间的访问控制列表

有些组织机构会有这样的要求：上班时间不能浏览娱乐类的网站，而下班时间可以。对于这种情况，仅仅通过发布通知规定是不能杜绝员工非法使用网络的问题的。这时，基于时间的访问控制列表应运而生。

基于时间的访问控制列表由两部分组成，第一部分是定义时间段，第二部分是用扩展访问控制列表定义规则。这里主要讲解定义时间段，具体格式如下所示：

```
time-range WORD
absolute start [ 小时:分钟 ] [ 日 月 年 ] [ end ] [ 小时:分钟 ] [ 日 月 年 ]
```

例如：

```
time-range tr1 ! tr1 是时间段名称
absolute start 0:00 1 sep 2011 end 12:00 1 oct 2011
```

它定义了一个时间段，名称为 tr1，并且设置了这个时间段的起始时间为 2011 年 9 月 1 日零点，结束时间为 2011 年 10 月 1 日中午 12 点。通过这个时间段和扩展访问控制列表的规则相结合，就可以指定针对时间段开放的基于时间的访问控制列表。当然，也可以定义工作日和周末，具体要使用 periodic 命令。

要想使基于时间的访问控制列表生效，需要配置以下两方面的命令：

(1) 定义时间段及时间范围。

(2) 访问控制列表自身的配置，即将详细的规则添加到访问控制列表中。

(3) 应用访问控制列表，将设置好的访问控制列表添加到相应的端口中。

例如，只允许 192.168.1.0 网段的用户在周末访问 192.168.0.1 上的 FTP 资源，工作时间不能下载该 FTP 资源。配置命令如下所示：

```
time-range tr1
! 定义时间段名称为 tr1
periodic weekend 00:00 to 23:59
! 定义具体时间范围，为每周周末（六、日）的 0 点到 23 点 59 分。可以使用 periodic weekdays 定义工作日或星期几
access-list 101 deny tcp any 192.168.0.1 0.0.0.0 eq ftp time-range tr1
! 设置访问控制列表，禁止在时间段 tr1 范围内访问 192.168.0.1 的 FTP 服务
access-list 101 permit ip any any
! 设置访问控制列表，允许其他时间段和其他条件下的正常访问
interface fastethernet 0/0
ip access-group 101 out
```

基于时间的访问控制列表比较适合于时间段的管理。通过上面的设置，192.168.1.0 的用户只能在周末访问服务器提供的 FTP 资源，平时无法访问。

注意：不能在 Cisco Packet Tracer 模拟本任务的操作。

任务 6 访问控制列表流量记录

网络管理员要能够合理地管理组织机构的网络，必须有效地记录 ACL 流量信息，第一时间了解网络流量和病毒的传播方式。下面简单介绍如何保存访问控制列表的流量信息，方法是在扩展 ACL 规则后加上 log 参数。

例如：

```
log 192.168.1.1
! 为路由器指定一个日志服务器地址，该地址为 192.168.1.1
access-list 101 permit tcp any 192.168.0.1 0.0.0.0 eq www log
! 在希望记录的扩展访问控制列表最后加上 log 参数，把满足该条件的信息保存到指定的日志服务器 192.168.1.1 中
```

如果在扩展 ACL 最后加上 log-input，不仅会保存流量信息，还会保存数据包通过的端口信息。

使用 log 记录满足访问控制列表规则的数据流量，就可以完整地查询组织机构网络中哪个地方流量大，哪个地方有病毒。简单的一个参数就完成了很多专业工具才能完成的工作。

注意：不能在 Cisco Packet Tracer 模拟本任务的操作。

第4部分

综 合

第4部分

合 繁

项目 17

网络地址转换

Project 17

项目说明

网络地址转换(Network Address Translation,NAT)是指将网络地址从一个地址空间转换为另一个地址空间的行为。网络地址转换技术将网络划分为内部网络(Inside Network,内网,一般指局域网)和外部网络(Outside Network,外网,一般指广域网、互联网)两部分。内网节点访问外网时,边界路由器将内网的本地地址(内网地址,一般是私有地址)转换为全局地址(外网地址,一般是公有地址)并在网络地址转换表中记录下这个转换,然后向外转发数据包;当外部数据包到达时,路由器查询网络地址转换表,并将全局地址转换回本地地址。

由于IPv4协议的限制,互联网面临IPv4地址短缺的问题,申请并给局域网的每个节点分配一个IP地址是不现实的。网络地址转换技术能较好地解决现阶段IPv4地址短缺的问题。通过网络地址转换技术,将局域网内部自行分配的本地地址转换为互联网上可识别的全局地址。互联网上的节点看到的源地址是边界路由转换过的全局地址,这在某种意义上增强了局域网的安全性。

常用的网络地址转换技术有三种:静态网络地址转换、动态网络地址转换、端口地址转换。

本项目重点学习网络地址转换的配置。通过本项目的学习,读者将获得以下四个方面的学习成果。

(1) 静态网络地址转换的配置。
(2) 动态网络地址转换的配置。
(3) 端口地址转换的配置。
(4) 静态端口映射的配置。

任务 1 静态网络地址转换

17.1.1 任务描述

静态网络地址转换就是一对一的网络地址转换。内网有多少内网地址需要和外网通信,就要配置多少外网地址与其对应。

17.1.2 任务要求

（1）任务的拓扑结构如图 17-1 所示。

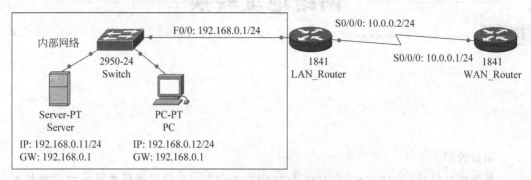

图 17-1　任务拓扑结构（1）

（2）任务所需的设备类型、型号、数量等如表 17-1 所示。

表 17-1　设备类型、型号、数量和名称（1）

类　型	型　号	数　量	设　备　名　称
路由器	1841	2	LAN_Router，WAN_Router
二层交换机	2950-24	1	Switch
服务器	Server-PT	1	Server
计算机	PC-PT	1	PC

（3）各设备需加装模块如表 17-2 所示。

表 17-2　设备模块加装（1）

设备名称	模　　块	位　　置
LAN_Router	WIC-1T	SLOT0
WAN_Router	WIC-1T	SLOT0

（4）各设备的接口连接如表 17-3 所示。

表 17-3　设备接口连接（1）

设备接口 1	设备接口 2	线缆类型
LAN_Router：Serial0/0/0	WAN_Router：Serial0/0/0（DCE 端）	串行 DCE/DTE 线
LAN_Router：FastEthernet0/0	Switch：FastEthernet0/24	直通线
Switch：FastEthernet0/1	Server：FastEthernet0	直通线
Switch：FastEthernet0/2	PC：FastEthernet0	直通线

(5) 各节点的 IP 配置如表 17-4 所示。

表 17-4　节点 IP 配置(1)

节　点	IP 地址	默 认 网 关
WAN_Router：Serial0/0/0	10.0.0.1/24	
LAN_Router：Serial0/0/0	10.0.0.2/24	
LAN_Router：FastEthernet0/0	192.168.0.1/24	
Server：FastEthernet0	192.168.0.11/24	192.168.0.1
PC：FastEthernet0	192.168.0.12/24	192.168.0.1

(6) 在 LAN_Router 上配置静态网络地址转换：令内网的节点通过静态分配的外网地址和外网通信，如图 17-5 所示。

表 17-5　静态网络地址转换

内 网 地 址	外 网 地 址
192.168.0.11/24	10.0.0.11/24
192.168.0.12/24	10.0.0.12/24

17.1.3　任务步骤

步骤 1：路由器的基本配置。

路由器的基本配置包括路由器重命名、接口 IP 配置、串行接口封装类型、内网和外网端口定义等。

LAN_Router：

```
Router(config)#hostname LAN_Router
LAN_Router(config)#interface fastethernet 0/0
LAN_Router(config-if)#ip address 192.168.0.1 255.255.255.0
LAN_Router(config-if)#no shutdown
LAN_Router(config-if)#exit
LAN_Router(config)#interface serial 0/0/0
LAN_Router(config-if)#ip address 10.0.0.2 255.255.255.0
LAN_Router(config-if)#no shutdown
LAN_Router(config-if)#exit
LAN_Router(config)#
```

WAN_Router：

```
Router(config)#hostname WAN_Router
WAN_Router(config)#interface serial 0/0/0
WAN_Router(config-if)#ip address 10.0.0.1 255.255.255.0
WAN_Router(config-if)#clock rate 64000
WAN_Router(config-if)#no shutdown
WAN_Router(config-if)#exit
WAN_Router(config)#
```

提示：由于本项目的任务 1、2、3 的拓扑结构等完全一致，因此，在完成任务 1 的步骤 1 的配置后，执行命令 write，保存步骤 1 的配置，再保存 PKT 文件。当完成任务 1 的全部操作步骤后，重新打开 PKT 文件，就可以在任务 2、3 中直接执行步骤 2 的操作。

步骤 2：配置静态网络地址转换。

```
LAN_Router(config)#interface fastethernet 0/0
LAN_Router(config-if)#ip nat inside
!定义 Fastethernet0/0 为内网端口
LAN_Router(config-if)#exit
LAN_Router(config)#interface serial 0/0/0
LAN_Router(config-if)#ip nat outside
!定义 Serial0/0/0 为外网端口
LAN_Router(config-if)#exit
LAN_Router(config)#ip nat inside source static 192.168.0.11 10.0.0.11
!定义内网地址 192.168.0.11 与外网地址 10.0.0.11 的转换
LAN_Router(config)#ip nat inside source static 192.168.0.12 10.0.0.12
LAN_Router(config)#
```

步骤 3：任务测试。

(1) 在 WAN_Router 上开启 ICMP 调试。

```
WAN_Router#debug ip icmp
ICMP packet debugging is on
WAN_Router#
```

(2) 在内网 ping 外网的路由器，结果是通的。

```
PC>ping 10.0.0.1

Pinging 10.0.0.1 with 32 bytes of data:

Reply from 10.0.0.1: bytes=32 time=32ms TTL=254
```

(3) WAN_Router 上的 ICMP 调试输出显示，echo reply 的目的地址是 10.0.0.12，说明 LAN_Router 的静态网络地址转换成功地将内网地址转换成外网地址。

```
WAN_Router#
ICMP: echo reply sent, src 10.0.0.1, dst 10.0.0.12
!ICMP 回显应答已发送，源地址为 10.0.0.1,目的地址为 10.0.0.12
```

步骤 4：在 LAN_Router 上查看网络地址转换表。

```
LAN_Router#show ip nat translations
Pro   Inside global     Inside local      Outside local     Outside global
---   10.0.0.11         192.168.0.11      ---               ---
---   10.0.0.12         192.168.0.12      ---               ---

LAN_Router#
```

步骤 5：查看 LAN_Router 的运行配置文件，如图 17-2 所示。

项目17 网络地址转换

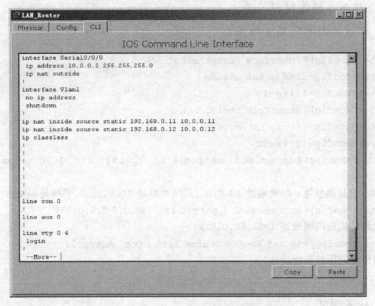

图 17-2 LAN_Router 的运行配置文件(1)

17.1.4 任务小结

(1) 静态网络地址转换适用于外网和内网地址数量一致的情况。
(2) 网络地址转换必须设置内网(Inside)和外网(Outside)的接口。
(3) 尽量不要使用路由器的外网接口地址作为内网的全局地址。

任务 2 动态网络地址转换

17.2.1 任务描述

动态网络地址转换是在路由器上配置一个外网地址池,当内网有节点需要和外网通信时,就从地址池中动态地取出一个外网地址,并将其对应关系记录到网络地址转换表中;通信结束后,这个外网地址被释放,供其他内网地址转换使用。这和 DHCP 有相似之处。

17.2.2 任务要求

(1) 本任务的拓扑结构等均与任务 1 一致。
(2) 在 LAN_Router 上配置动态网络地址转换:令内网的节点通过动态网络地址转换的外网地址池转换成外网地址,和外网通信。

17.2.3 任务步骤

步骤 1:路由器的基本配置。

该步骤与任务 1 操作过程一致。
步骤 2：配置动态网络地址转换。

```
LAN_Router(config)#interface fastethernet 0/0
LAN_Router(config-if)#ip nat inside
LAN_Router(config-if)#exit
LAN_Router(config)#interface serial 0/0/0
LAN_Router(config-if)#ip nat outside
LAN_Router(config-if)#exit
LAN_Router(config)#ip nat pool natpool1 10.0.0.11 10.0.0.20 netmask 255.255.255.0
!定义 NAT 全局地址池：起始地址 10.0.0.11,结束地址 10.0.0.20,子网掩码 255.255.255.0
LAN_Router(config)#access-list 1 permit 192.168.0.0 0.0.0.255
!定义允许转换的内网地址 192.168.0.0/24
LAN_Router(config)#ip nat inside source list 1 pool natpool1
!为内网地址调用转换地址池
LAN_Router(config)#
```

步骤 3：任务测试。
（1）在 WAN_Router 上开启 ICMP 调试。

```
WAN_Router#debug ip icmp
ICMP packet debugging is on
WAN_Router#
```

（2）在内网 ping 外网的路由器，结果是通的。

```
PC>ping 10.0.0.1

Pinging 10.0.0.1 with 32 bytes of data:

Reply from 10.0.0.1: bytes=32 time=32ms TTL=254
```

（3）WAN_Router 上的 ICMP 调试输出显示，echo reply 的目的地址是 10.0.0.11，说明 LAN_Router 的动态网络地址转换成功地将内网地址转换成外网地址。

```
WAN_Router#
ICMP: echo reply sent, src 10.0.0.1, dst 10.0.0.11
```

步骤 4：在 LAN_Router 上查看网络地址转换表。

```
LAN_Router#show ip nat translations
Pro   Inside global      Inside local       Outside local      Outside global
icmp  10.0.0.11:1        192.168.0.12:1     10.0.0.1:1         10.0.0.1:1
...

LAN_Router#
```

步骤 5：查看 LAN_Router 的运行配置文件，如图 17-3 所示。

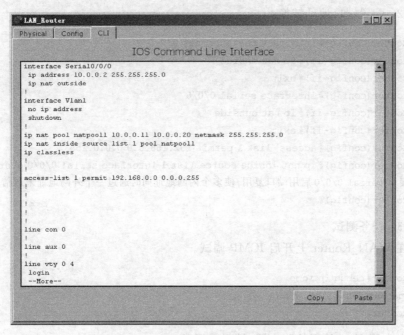

图 17-3　LAN_Router 的运行配置文件(2)

17.2.4　任务小结

动态网络地址转换适用于外网地址数量不多、内网地址数量较多的情况。

任务 3　端口地址转换

17.3.1　任务描述

端口地址转换(PAT,Port Address Translation,也叫端口地址复用),是最常用的网络地址转换技术,也是 IPv4 能维持到今天的最重要原因之一。它提供了一种多对一的方式,针对多个内网地址,边界路由给它们分配一个外网地址,利用这个外网地址的不同端口(不同的端口对应不同的内网地址)和外网通信。

17.3.2　任务要求

(1) 本任务的拓扑结构等均与任务 1 一致。

(2) 在 LAN_Router 上配置端口地址转换:令内网的节点通过 LAN_Router 的外网地址加端口和外网通信。

17.3.3　任务步骤

步骤 1:路由器的基本配置。

该步骤与任务 1 操作过程一致。

步骤2：配置端口地址转换。

```
LAN_Router(config)#interface fastethernet 0/0
LAN_Router(config-if)#ip nat inside
LAN_Router(config-if)#exit
LAN_Router(config)#interface serial 0/0/0
LAN_Router(config-if)#ip nat outside
LAN_Router(config-if)#exit
LAN_Router(config)#access-list 1 permit 192.168.0.0 0.0.0.255
LAN_Router(config)#ip nat inside source list 1 interface serial 0/0/0 overload
!在接口 serial 0/0/0 启用端口复用,使多个内网地址同时通过一个外网地址来通信
LAN_Router(config)#
```

步骤3：任务测试。

(1) 在 WAN_Router 上开启 ICMP 调试。

```
WAN_Router#debug ip icmp
ICMP packet debugging is on
WAN_Router#
```

(2) 在内网 ping 外网的路由器,结果是通的。

```
PC>ping 10.0.0.1

Pinging 10.0.0.1 with 32 bytes of data:

Reply from 10.0.0.1: bytes=32 time=32ms TTL=254
```

(3) WAN_Router 上的 ICMP 调试输出显示,echo reply 的目的地址是 10.0.0.2,说明 LAN_Router 的端口地址转换成功地将内网地址转换成 LAN_Router 的外网地址。

```
WAN_Router#
ICMP: echo reply sent, src 10.0.0.1, dst 10.0.0.2
```

步骤4：在 LAN_Router 上查看网络地址转换表。

```
LAN_Router#show ip nat translations
Pro   Inside global      Inside local       Outside local      Outside global
icmp  10.0.0.2:1         192.168.0.12:1     10.0.0.1:1         10.0.0.1:1
...

LAN_Router#
```

步骤5：查看 LAN_Router 的运行配置文件,如图 17-4 所示。

17.3.4 任务小结

端口地址转换适用于外网地址数量很少或者只有 1 个、内网地址数量较多的情况。

项目17 网络地址转换

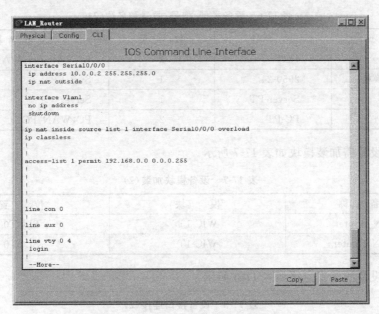

图 17-4　LAN_Router 的运行配置文件(3)

任务 4　静态端口映射

17.4.1　任务描述

静态端口映射是在路由器上配置内网地址加端口与路由器外网地址加端口的映射关系。当外网节点访问内网的服务器时，通过路由器的外网地址加端口形式就可以访问内网的服务器。

17.4.2　任务要求

(1) 任务的拓扑结构如图 17-5 所示。

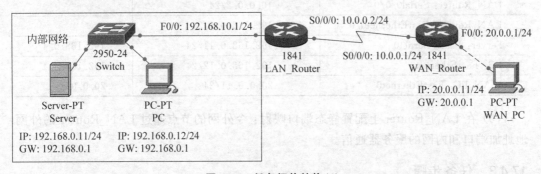

图 17-5　任务拓扑结构(1)

(2) 任务所需的设备类型、型号、数量等如表 17-6 所示。

表 17-6　设备类型、型号、数量和名称（2）

类　型	型　号	数　量	设 备 名 称
路由器	1841	2	LAN_Router,WAN_Router
二层交换机	2950-24	1	Switch
服务器	Server-PT	1	Server
计算机	PC-PT	2	PC,WAN_PC

(3) 各设备需加装模块如表 17-7 所示。

表 17-7　设备模块加装（2）

设 备 名 称	模　块	位　置
LAN_Router	WIC-1T	SLOT0
WAN_Router	WIC-1T	SLOT0

(4) 各设备的接口连接如表 17-8 所示。

表 17-8　设备接口连接（2）

设备接口 1	设备接口 2	线 缆 类 型
LAN_Router：Serial0/0/0	WAN_Router：Serial0/0/0（DCE 端）	串行 DCE/DTE 线
LAN_Router：FastEthernet0/0	Switch：FastEthernet0/24	直通线
Switch：FastEthernet0/1	Server：FastEthernet0	直通线
Switch：FastEthernet0/2	PC：FastEthernet0	直通线
WAN_Router：FastEthernet0/0	WAN_PC：FastEthernet0	交叉线

(5) 各节点的 IP 配置如表 17-9 所示。

表 17-9　节点 IP 配置（2）

节　　点	IP 地址	默 认 网 关
WAN_Router：Serial0/0/0	10.0.0.1/24	
WAN_Router：FastEthernet0/0	20.0.0.1/24	
LAN_Router：Serial0/0/0	10.0.0.2/24	
LAN_Router：FastEthernet0/0	192.168.0.1/24	
Server：FastEthernet0	192.168.0.11/24	192.168.0.1
PC：FastEthernet0	192.168.0.12/24	192.168.0.1
WAN_PC：FastEthernet0	20.0.0.11/24	20.0.0.1

(6) 在 LAN_Router 上配置静态端口映射：令外网的节点通过 LAN_Router 的外网地址加端口和内网的服务器通信。

17.4.3　任务步骤

步骤 1：路由器的基本配置。

路由器的基本配置包括路由器重命名、接口 IP 配置、串行接口的封装类型等。

LAN_Router:

```
Router(config)#hostname LAN_Router
LAN_Router(config)#interface fastethernet 0/0
LAN_Router(config-if)#ip address 192.168.0.1 255.255.255.0
LAN_Router(config-if)#no shutdown
LAN_Router(config-if)#exit
LAN_Router(config)#interface serial 0/0/0
LAN_Router(config-if)#ip address 10.0.0.2 255.255.255.0
LAN_Router(config-if)#no shutdown
LAN_Router(config-if)#exit
LAN_Router(config)#
```

WAN_Router:

```
Router(config)#hostname WAN_Router
WAN_Router(config)#interface fastethernet 0/0
WAN_Router(config-if)#ip address 20.0.0.1 255.255.255.0
WAN_Router(config-if)#no shutdown
WAN_Router(config-if)#exit
WAN_Router(config)#interface serial 0/0/0
WAN_Router(config-if)#ip address 10.0.0.1 255.255.255.0
WAN_Router(config-if)#clock rate 64000
WAN_Router(config-if)#no shutdown
WAN_Router(config-if)#exit
WAN_Router(config)#
```

步骤2：配置静态端口映射。

```
LAN_Router(config)#interface fastethernet 0/0
LAN_Router(config-if)#ip nat inside
LAN_Router(config-if)#exit
LAN_Router(config)#interface serial 0/0/0
LAN_Router(config-if)#ip nat outside
LAN_Router(config-if)#exit
LAN_Router(config)#ip nat inside source static tcp 192.168.0.11 80 10.0.0.2 8080
!定义内网地址端口 192.168.0.11:80 与外网地址 10.0.0.11:8080 的转换
LAN_Router(config)#ip route 0.0.0.0 0.0.0.0 serial 0/0/0
LAN_Router(config)#
```

步骤3：任务测试。

打开 WAN_PC 的 Web Browser，在地址栏中输入 http://10.0.0.2:8080，访问 Server 的 HTTP 服务，如图 17-6 所示。

步骤4：在 LAN_Router 上查看网络地址转换表。

```
LAN_Router#show ip nat translations
Pro   Inside global      Inside local       Outside local       Outside global
tcp 10.0.0.2:8080        192.168.0.11:80    ---                 ---
tcp 10.0.0.2:8080        192.168.0.11:80    20.0.0.11:1025      20.0.0.11:1025

LAN_Router#
```

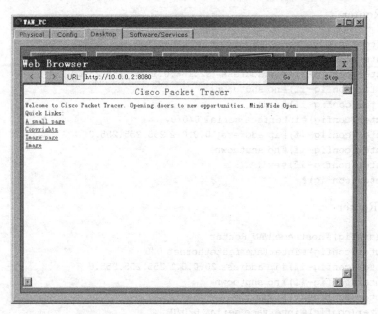

图 17-6　在 PC 上访问 Server 的 HTTP 服务

步骤 5：查看 LAN_Router 的运行配置文件，如图 17-7 所示。

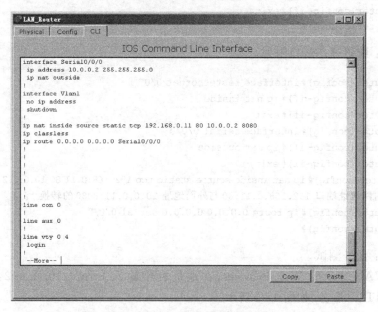

图 17-7　LAN_Router 的运行配置文件（4）

17.4.4　任务小结

（1）静态端口转换适用于外网需要访问内网服务器的情况。

（2）如果是多个不同网络互联，必须在相应的路由器上设置路由。

项目 18

基于 IP 协议的语音通信

项目说明

基于 IP 协议的语音通信是通过 VoIP 协议实现的。VoIP(Voice over Internet Protocol,互联网语音协议)是一种可以在基于 IP 协议的网络上传输模拟音频和视频的技术。VoIP 拨号对等体的配置是将电话号码与 IP 地址对应,允许路由器向外拨打一个指定的电话号码。VoIP 的最大优点是:通话时不需要电话费,因为所有的语音数据都被 IP 数据报承载。所以,VoIP 适用于具有分支机构的公司等单位进行电话语音通信,可以极大地降低通话费用。

本项目重点学习使用基于 IP 协议的语音通信。通过本项目的学习,读者将获得以下两个方面的学习成果。

(1) 支持 VoIP 协议路由器的配置。

(2) VoIP 客户端设备的配置。

任务　基于 IP 协议的语音通信的实现

18.1.1　任务描述

基于 IP 协议的语音通信可以通过支持 VoIP 的路由器实现,即 Cisco 公司的 Call Manager 解决方案。使用一台 Cisco 路由器 2811 作为 Call Manager 服务器,提供电话号码注册分配,完成电话的信令控制和通话控制。采用无线接入点来提供支持软 IP 电话的平板计算机、个人数字助理等设备接入网络。

18.1.2　任务要求

(1) 任务的拓扑结构如图 18-1 所示。为避免配置过程中出错,建议在全部配置完成后连接路由器和交换机。

(2) 任务所需的设备类型、型号、数量等如表 18-1 所示。

(3) 各设备的接口连接如表 18-2 所示。

(4) 各节点的 IP 配置如表 18-3 所示。

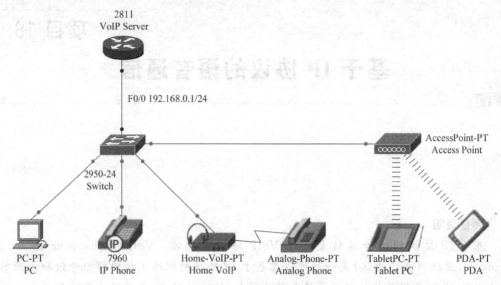

图 18-1　任务拓扑结构

表 18-1　设备类型、型号、数量和名称

类　　型	型　　号	数　　量	设备名称
路由器	2811	1	VoIP Server
二层交换机	2950-24	1	Switch
无线接入点	AccessPoint-PT	1	Access Point
计算机	PC-PT	1	PC
IP 电话	7960	1	IP Phone
家庭 VoIP 调制解调器	Home-VoIP-PT	1	Home-VoIP
模拟电话	Analog-Phone-PT	1	Analog-Phone
平板计算机	TabletPC-PT	1	Tablet PC
个人数字助理	PDA-PT	1	PDA

表 18-2　设备接口连接

设备接口 1	设备接口 2	线 缆 类 型
VoIP Server：FastEthernet0/0	Switch：FastEthernet0/24	直通线
Switch：FastEthernet0/1	PC：FastEthernet0	直通线
Switch：FastEthernet0/2	IP Phone：Switch	直通线
Switch：FastEthernet0/3	Home-VoIP：Ethernet	直通线
Switch：FastEthernet0/4	AccessPoint：Port 0	直通线
Home-VoIP：Phone	Analog-Phone：Port 0	电话线

表 18-3　节点 IP 配置

节　　点	IP 地址	默认网关
VoIP Server：FastEthernet0/0	192.168.0.1/24	

(5) 按以下要求配置：

① 配置路由器作为 DHCP 服务器，使得本网络中的设备通过 DHCP 广播请求到 IP 配置、TFTP 服务器 IP 地址。

② 配置路由器作为 VoIP 服务器，为本网络中的语音设备提供电话注册，分配电话号码以及电话路由功能。

18.1.3 任务步骤

步骤 1：交换机 Voice VLAN 的配置。

在 Cisco Packet Tracer 中，IP Phone 7960 连接交换机后，交换机必须配置 Voice VLAN 才能与 IP Phone 7960 连通。

```
Switch(config)#interface fastethernet 0/2
Switch(config-if)#switchport mode access
Switch(config-if)#switchport voice vlan 1
Switch(config-if)#exit
Switch(config)#
```

步骤 2：路由器的基本配置。

```
Router(config)#hostname VoIP_Server
VoIP_Server(config)#interface fastethernet 0/0
VoIP_Server(config-if)#ip address 192.168.0.1 255.255.255.0
VoIP_Server(config-if)#no shutdown
VoIP_Server(config-if)#exit
VoIP_Server(config)#ip dhcp excluded-address 192.168.0.1
VoIP_Server(config)#ip dhcp pool voip
! 配置 DHCP 服务，为接入的设备分配 IP 地址
VoIP_Server(dhcp-config)#network 192.168.0.0 255.255.255.0
VoIP_Server(dhcp-config)#default-router 192.168.0.1
VoIP_Server(dhcp-config)#option 150 ip 192.168.0.1
! 使用 DHCP 协议数据包中的 150 选项，将 TFTP 服务器的 IP 地址提供给 DHCP 客户端
! 由于在 Cisco Packet tracer 中必须使用 DHCP 才能给 Cisco IP Phone 分配 IP 地址，所以用到了 option 150 ip 命令。这条命令的作用是 Cisco 电话设备需要从 TFTP 服务器下载配置文件。如果没有配置 TFTP 服务器，它会向 DHCP 服务器发送 option 150 命令，请求那些配置信息
! option 150 是 Cisco 独有的命令，IEEE 标准有同样的命令 option 66（用于第三方 SIP 电话，且只能公布一个 TFTP 地址），它们都用来指定 TFTP 服务器
! option 150 与 option 66 的不同：
! option 150 支持多个 TFTP 服务器 IP 地址，多个 TFTP 服务器可以提供冗余
! option 66 只支持单独的 TFTP 服务器 IP 地址
VoIP_Server(dhcp-config)#exit
VoIP_Server(config)#
```

步骤 3：路由器的 VoIP 配置。

```
VoIP_Server(config)#telephony-service
! 启用电话服务
VoIP_Server(config-telephony)#max-ephones 10
```

！设置容许的最大电话数量
VoIP_Server(config-telephony)#max-dn 10
！设置容许的最大电话目录号
VoIP_Server(config-telephony)#ip source-address 192.168.0.1 port 2000
！设置IP电话服务的IP地址和端口号
VoIP_Server(config-telephony)#create cnf-files
！创建CNF文件，该文件包含每个电话的配置信息
VoIP_Server(config-telephony)#exit
VoIP_Server(config)#ephone-dn 1
！设置逻辑电话目录号
VoIP_Server(config-ephone-dn)#number 1001
！定义1号线路下，IP电话注册之后获得的电话号码，号码可自定义，每个ephone-dn代表一条线路
VoIP_Server(config-ephone-dn)#exit
VoIP_Server(config)#ephone-dn 2
VoIP_Server(config-ephone-dn)#number 1002
VoIP_Server(config-ephone-dn)#exit
VoIP_Server(config)#ephone-dn 3
VoIP_Server(config-ephone-dn)#number 1003
VoIP_Server(config-ephone-dn)#exit
VoIP_Server(config)#ephone-dn 4
VoIP_Server(config-ephone-dn)#number 1004
VoIP_Server(config-ephone-dn)#exit
VoIP_Server(config)#ephone-dn 5
VoIP_Server(config-ephone-dn)#number 1005
VoIP_Server(config-ephone-dn)#exit
VoIP_Server(config)#

步骤4：配置路由器的电话物理参数。

VoIP_Server(config)#ephone 1
！设置逻辑电话目录号1
VoIP_Server(config-ephone)#mac-address 00D0.9746.8CB0
！绑定PC的MAC地址到逻辑电话目录号1
VoIP_Server(config-ephone)#type cipc
！设置IP电话类型：CIPC是软IP电话；7960是Cisco物理IP电话；ATA是家庭VoIP调制解调器
VoIP_Server(config-ephone)#button 1:1
！将line按钮与ephone-dn对应起来，其中第一个1是指IP Phone(这个电话)上的line button，":"是分隔符，第二个1是ephone-dn的号码。该命令的作用是：将cipc ip phone(这个电话)上的line 1按钮与ephone-dn 1中的1001号码联系起来，使电话机和号码绑定
VoIP_Server(config-ephone)#exit
VoIP_Server(config)#ephone 2
VoIP_Server(config-ephone)#mac-address 0001.C958.7087
！绑定IP Phone的MAC地址到逻辑电话目录号2
VoIP_Server(config-ephone)#type 7960
VoIP_Server(config-ephone)#button 1:2
VoIP_Server(config-ephone)#exit
VoIP_Server(config)#ephone 3
VoIP_Server(config-ephone)#mac-address 0007.EC1E.9E01

```
! 绑定 Home VoIP 的 MAC 地址到逻辑电话目录号 3
VoIP_Server(config-ephone)#type ata
VoIP_Server(config-ephone)#button 1:3
VoIP_Server(config-ephone)#exit
VoIP_Server(config)#ephone 4
VoIP_Server(config-ephone)#mac-address 000C.850B.67C0
! 绑定 Tablet PC 的 MAC 地址到逻辑电话目录号 4
VoIP_Server(config-ephone)#type cipc
VoIP_Server(config-ephone)#button 1:4
VoIP_Server(config-ephone)#exit
VoIP_Server(config)#ephone 5
VoIP_Server(config-ephone)#mac-address 0060.5C42.CD9C
! 绑定 PDA 的 MAC 地址到逻辑电话目录号 5
VoIP_Server(config-ephone)#type cipc
VoIP_Server(config-ephone)#button 1:5
VoIP_Server(config-ephone)#exit
VoIP_Server(config)#
```

步骤 5：配置其他设备。

（1）将计算机、平板计算机和个人数字助理的 IP 配置设置为 DHCP。

（2）打开 IP 电话的管理界面，切换到 Physical 选项卡，把 IP 电话的电源适配器 IP_PHONE_POWER_ADAPTER 连接到 IP 电话，IP 电话才能正常工作，如图 18-2 所示。

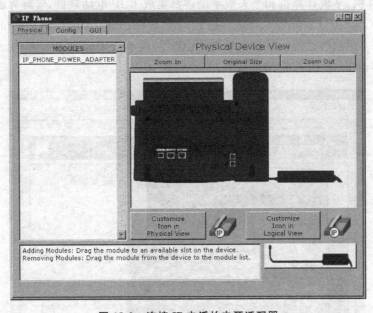

图 18-2 连接 IP 电话的电源适配器

（3）打开家庭 VoIP 调制解调器的管理界面，切换到 Config 选项卡，然后在 Server Address 中输入 VoIP_Server 的 IP 地址，如图 18-3 所示。

步骤 6：任务测试。

完成以上配置后，等上几分钟，就完成了电话的分配、注册等。在 IP 电话软件或电话

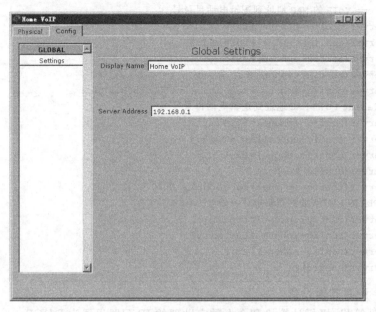

图 18-3　家庭 VoIP 调制解调器

设备的屏幕上将显示其分配到的电话号码。

(1) 计算机、平板计算机和个人数字助理都集成了 IP 电话软件,管理界面的 Desktop 选项卡中的 Cisco IP Communicator 就是 IP 电话软件。打开 Cisco IP Communicator 后,显示如图 18-4 所示的界面。拨打电话时,先拨号,再单击 Dial 按钮。单击 Answer 按钮接听电话;单击 EndCall 按钮结束通话。

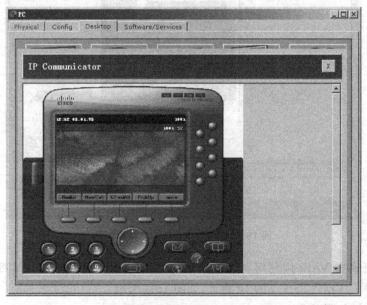

图 18-4　IP Communicator

（2）IP 电话和模拟电话拨打/接听电话前要单击"话筒"（相当于拿起话筒），然后才能拨号；挂机时，要再次单击"话筒"（相当于放下话筒），如图 18-5 所示。

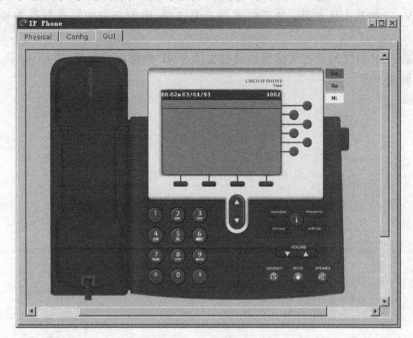

图 18-5　IP 电话拨号

（3）图 18-6 所示为 1001 拨打电话给 1002。

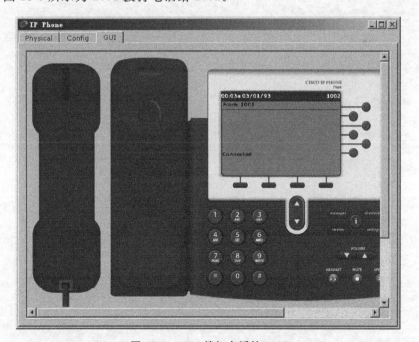

图 18-6　1001 拨打电话给 1002

18.1.4 任务小结

(1) VoIP 的最大优点是：通话时不需要电话费，因为所有的语音数据都被 IP 数据承载。

(2) 基于 IP 协议的语音通信可以通过支持 VoIP 的路由器实现，即 Cisco 公司的 Call Manager 解决方案。

项目 19

无线网络

项目说明

无线网络既包括使用移动通信技术建立的远距离的语音和数据网络,也包括使用WLAN技术建立的无线局域网。与有线网络不同,无线网络的传输介质是看不见摸不着的电磁波。

本项目重点学习使用WLAN技术建立无线局域网。通过本项目的学习,读者将获得以下三个方面的学习成果。

(1) 无线路由器的配置。
(2) 无线接入点的配置。
(3) 设备接入无线网络的配置。

任务 无线网络的接入

19.1.1 任务描述

使用无线网络技术,通过配置无线路由器和无线接入点,可以在建筑物内部和周边架设无线局域网,使得无线局域网信号覆盖范围内的设备都可以通过无线局域网联网。

19.1.2 任务要求

(1) 任务的拓扑结构如图19-1所示。
(2) 任务所需的设备类型、型号、数量等如表19-1所示。

表 19-1 设备类型、型号、数量和名称

类 型	型 号	数 量	设备名称
路由器	1841	1	WAN_Router
无线路由器	Linksys-WRT300N	1	Wireless Router
无线接入点	AccessPoint-PT	1	Access Point
服务器	Server-PT	1	Server
计算机	Laptop-PT	3	Laptop1,Laptop2,Laptop3

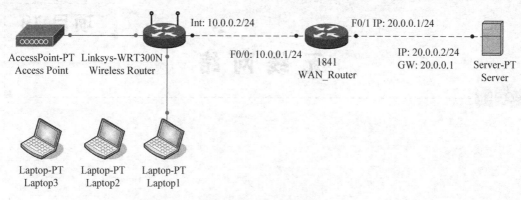

图 19-1　任务拓扑结构

(3) 各设备需加装模块如表 19-2 所示。

表 19-2　设备模块加装

设备名称	模块	位置
Laptop2	Linksys-WPC300N	
Laptop3	Linksys-WPC300N	

(4) 各设备的接口连接如表 19-3 所示。

表 19-3　设备接口连接

设备接口 1	设备接口 2	线缆类型
Wireless Router：Internet	WAN_Router：FastEthernet0/0	交叉线
Wireless Router：Ethernet 1	Access Point：Port 0	直通线
Wireless Router：Ethernet 2	Laptop1：FastEthernet0	直通线
WAN_Router：FastEthernet0/1	Server：FastEthernet0	交叉线

(5) 各节点的 IP 配置如表 19-4 所示。

表 19-4　节点 IP 配置

节点	IP 地址	默认网关
Wireless Router：Internet	10.0.0.2/24	10.0.0.1
WAN_Router：FastEthernet0/0	10.0.0.1/24	
WAN_Router：FastEthernet0/1	20.0.0.1/24	
Server：FastEthernet0	20.0.0.2	20.0.0.1

(6) 按表 19-5 所示配置无线路由器和无线接入点，并分别将 Laptop1 和 Laptop2 连接到无线路由器和无线接入点。

表 19-5 无线网络

项 目	无线路由器	无线接入点
SSID	WirelessRouter	AccessPoint
验证	WPA2-PSK	WPA2-PSK
加密类型	AES	AES
密码短语	自定义	自定义

19.1.3 任务步骤

步骤 1：外网路由器的基本配置。

```
Router(config)#hostname WAN_Router
WAN_Router(config)#interface fastethernet 0/0
WAN_Router(config-if)#ip address 10.0.0.1 255.255.255.0
WAN_Router(config-if)#no shutdown
WAN_Router(config-if)#exit
WAN_Router(config)#interface fastethernet 0/1
WAN_Router(config-if)#ip address 20.0.0.1 255.255.255.0
WAN_Router(config-if)#no shutdown
WAN_Router(config-if)#exit
WAN_Router(config)#
```

步骤 2：配置无线路由器。

(1) 打开无线路由器的管理界面，切换到 GUI 选项卡，然后在 Setup 页面→Basic Setup 子页面，按表 19-6 所示设置，并单击页面底部的 Save Settings 保存设置，如图 19-2 和图 19-3 所示。

表 19-6 无线路由器基本设置项目

项 目	设 置 值
Internet Connection Type(互联网连接类型)	Static IP(静态 IP)
Internet IP Address(互联网 IP 地址)	10.0.0.2
Subnet Mask	255.255.255.0
Default Gateway	10.0.0.1
DNS1	10.0.0.1
Router IP(局域网 IP 地址)	192.168.0.1
Router Subnet Mask	255.255.255.0
DHCP Server	Enabled
Start IP Address	192.168.0.101
Maximum number of Users(最大用户数)	100
Static DNS 1	192.168.0.1

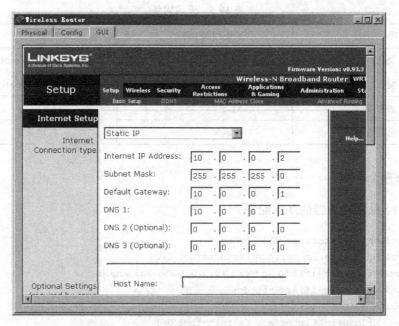

图 19-2　无线路由器基本设置——互联网设置

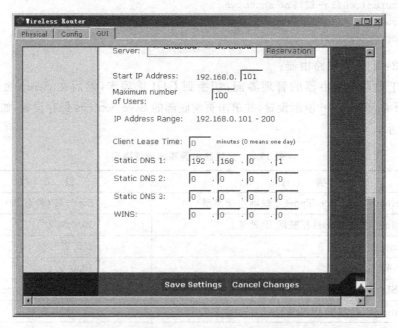

图 19-3　无线路由器基本设置——局域网设置

(2) 切换到 Wireless 页面→Basic Wireless Settings 子页面,按表 19-7 设置,并单击页面底部的 Save Settings 保存设置,如图 19-4 所示。

(3) 切换到 Wireless Security 子页面,按表 19-8 所示设置,并单击页面底部的 Save Settings 保存设置,如图 19-5 所示。

表 19-7　无线路由器基本无线设置项目

项　　目	设　置　值
Network Mode(网络模式)	Mixed
Network Name(SSID)(网络名称)	WirelessRouter
Radio Band(无线频带)	Auto
Wide Channel(宽频段)	Auto
Standard Channel(标准频段)	默认值
SSID Broadcast(SSID 广播)	Enabled

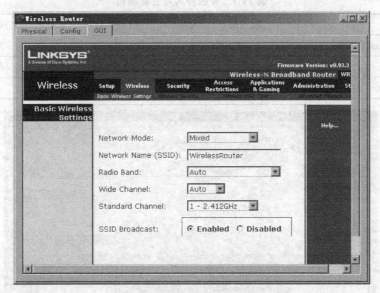

图 19-4　无线路由器基本无线设置

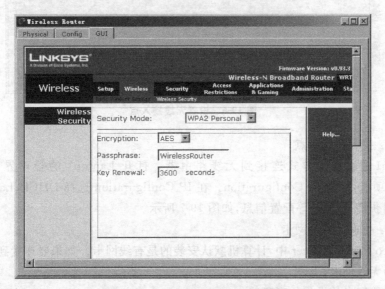

图 19-5　无线路由器无线安全设置

表 19-8　无线路由器无线安全设置项目

项目	设置值	项目	设置值
Security Mode(安全模式)	WPA2 Personal	Passphrase(密码短语)	自定义
Encryption(加密方式)	AES		

步骤 3：配置无线接入点。

打开无线接入点的管理界面，切换到 Config 选项卡，在 Interface → Port 1 按表 19-9 所示设置，如图 19-6 所示。

表 19-9　无线接入点设置项目

项目	设置值	项目	设置值
Network Name(SSID)	AccessPoint	Passphrase	自定义
Channel	默认值	Encryption	AES
Authentication(验证方式)	WPA2-PSK		

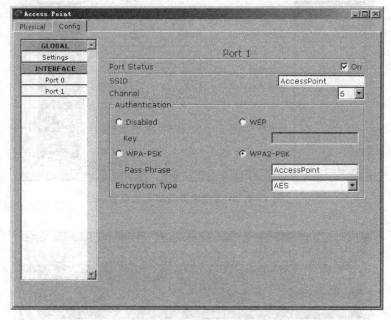

图 19-6　设置无线接入点

步骤 4：接入有线节点。

Laptop1 通过有线方式连接到无线路由器。打开 Laptop1 的管理界面，切换到 Desktop 选项卡，打开 IP Configuration。在 IP Configuration 选择 DHCP，Laptop1 将从无线路由器获得 IP 地址等配置信息，如图 19-7 所示。

步骤 5：更换计算机网卡。

在 Cisco Packet Tracer 中，计算机默认安装的是有线网卡。如果要连接到无线网络，需要更换为无线网卡。

更换无线网卡的操作如下所述。

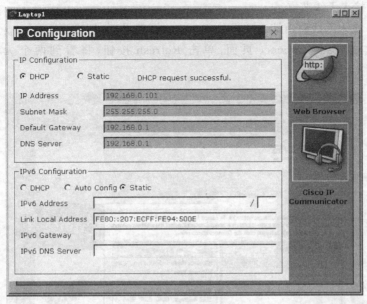

图 19-7 接入有线节点

(1) 打开计算机的管理界面,切换到 Physical 选项卡,然后单击计算机的电源按钮关闭计算机。

(2) 将计算机的有线网卡拖到左边的 Modules 列表,并将其移除。

(3) 将 Modules 列表中的无线网卡拖到有线网卡原来的位置。

(4) 单击计算机的电源按钮,启动计算机,如图 19-8 所示。

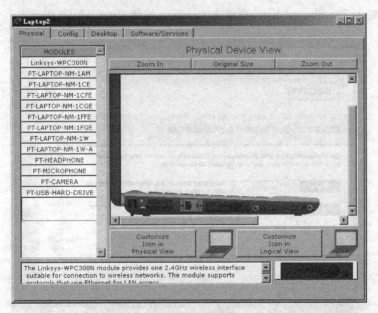

图 19-8 更换计算机网卡

步骤 6：接入无线节点。

Laptop2 接入无线路由器：打开 Laptop2 的管理界面，切换到 Desktop 选项卡，打开 PC Wireless。切换到 Connect 页面，单击 Refresh 按钮，将看到两个无线网络名称 (SSID)，如图 19-9 所示。

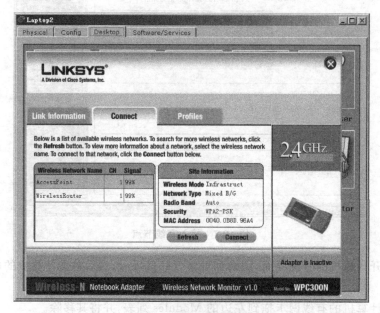

图 19-9　无线网络名称

选择 SSID WirelessRouter，然后单击 Connect 按钮。选择 Security 为 WPA2-Personal 并输入 Pre-Shared Key，再单击 Connect 按钮，如图 19-10 所示。

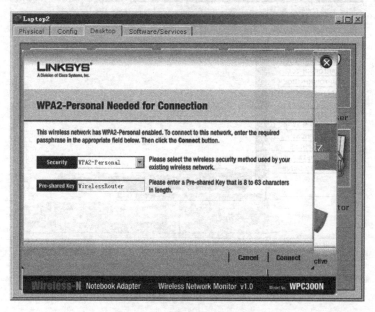

图 19-10　连接到无线网络

Laptop3 接入无线接入点与 Laptop2 接入无线路由器的操作类似。

步骤 7：任务测试。

（1）打开计算机 Desktop 选项卡的 PC Wireless，切换到 Link Information 页面，然后单击 More Information 按钮，查看无线网络状态，如图 19-11 所示。

图 19-11　无线网络的状态

（2）打开计算机 Desktop 选项卡的浏览器，输入无线路由器的 IP 地址，打开无线路由器 Web 管理的验证对话框，如图 19-12 所示。输入无线路由器默认管理员的用户名和

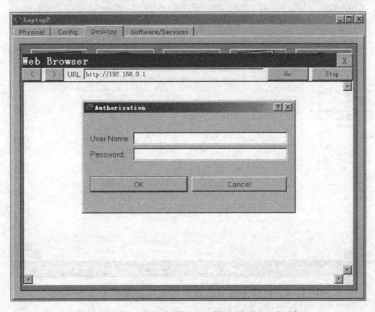

图 19-12　无线路由器 Web 管理的验证对话框

密码(均为 admin),即可登录无线路由器的 Web 管理界面。切换到 Status 页面 Local Network 子页面,然后单击 DHCP Client Table 按钮,查看当前连接到无线路由器的客户机信息,如图 19-13 所示。

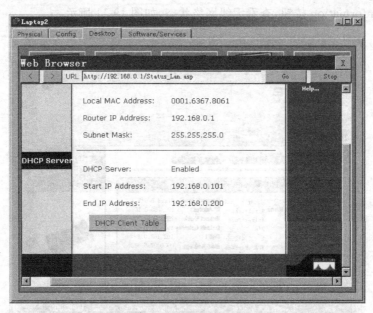

图 19-13　无线路由器 Status 页面→Local Network 子页面

(3) 打开计算机 Desktop 选项卡的浏览器,输入服务器的 IP 地址,即可访问服务器的 WWW 服务,如图 19-14 所示。

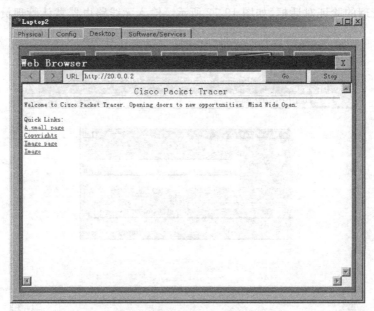

图 19-14　内网无线节点访问外网服务器的 WWW 服务

（4）配置完成的任务拓扑结构如图 19-15 所示。

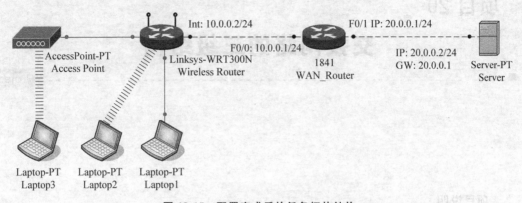

图 19-15　配置完成后的任务拓扑结构

19.1.4　任务小结

（1）计算机要接入无线网络，必须添加无线网卡。
（2）当存在两个或两个以上无线网络时，计算机要选择正确的无线网络接入。

项目 20

交换网络的三级结构

项目说明

本项目为综合项目。通过本项目的学习，读者将复习以下四个方面的内容。
（1）虚拟局域网的配置。
（2）交换机的动态主机配置协议的配置。
（3）交换机/路由器的路由配置。
（4）网络地址转换的配置。

任务　交换网络的三级结构的配置

20.1.1　任务描述

在很多大型局域网中，经常应用到交换网络的三级结构。
（1）二层交换机作为接入层交换机，接入各个端节点。
（2）三层交换机作为汇聚层和核心层交换机，负责 VLAN、DHCP 和内外网络的路由。
（3）内网路由器负责 NAT。
在这种网络结构中，内网的 PC 既可以访问内网的服务器，也可以访问外网的服务器。

20.1.2　任务要求

（1）任务的拓扑结构如图 20-1 所示。
（2）任务所需的设备类型、型号、数量等如表 20-1 所示。

表 20-1　设备类型、型号、数量和名称

类　　型	型　　号	数　　量	设备名称
路由器	1841	2	LAN-Router，WAN-Router
三层交换机	3560-24PS	1	L3-Switch
二层交换机	2950-24	2	L2-Switch1，L2-Switch2
服务器	Server-PT	2	LAN Web Server，WAN Web Server
计算机	PC-PT	4	PC1-1，PC1-2，PC2-1，PC2-2

项目20 交换网络的三级结构

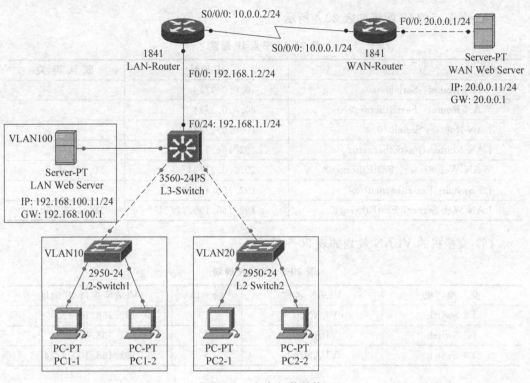

图 20-1 任务拓扑结构

（3）各设备需加装模块如表 20-2 所示。

表 20-2 设备模块加装

设备名称	模　块	位　置
LAN-Router	WIC-1T	SLOT0
WAN-Router	WIC-1T	SLOT0

（4）各设备的接口连接如表 20-3 所示。

表 20-3 设备接口连接

设备接口 1	设备接口 2	线缆类型
WAN-Router：Serial0/0/0（DCE 端）	LAN-Router：Serial0/0/0（DTE 端）	串行 DCE/DTE 线
WAN-Router：FastEthernet0/0	WAN Web Server：FastEthernet0	交叉线
LAN-Router：FastEthernet0/0	L3-Switch：FastEthernet0/24	直通线
L3-Switch：FastEthernet0/1	L2-Switch1：FastEthernet0/24	交叉线
L3-Switch：FastEthernet0/2	L2-Switch2：FastEthernet0/24	交叉线
L3-Switch：FastEthernet0/9	LAN Web Server：FastEthernet0	直通线
L2-Switch1：FastEthernet0/1	PC1-1：FastEthernet0	直通线
L2-Switch1：FastEthernet0/2	PC1-2：FastEthernet0	直通线
L2-Switch2：FastEthernet0/1	PC2-1：FastEthernet0	直通线
L2-Switch2：FastEthernet0/2	PC2-2：FastEthernet0	直通线

(5) 各节点的 IP 配置如表 20-4 所示。

表 20-4 节点 IP 配置

节　　点	IP 地址	默 认 网 关
WAN-Router：Serial0/0/0	10.0.0.1/24	
WAN-Router：FastEthernet0/0	20.0.0.1/24	
LAN-Router：Serial0/0/0	10.0.0.2/24	
LAN-Router：FastEthernet0/0	192.168.1.2/24	
WAN Web Server：FastEthernet0	20.0.0.11/24	20.0.0.1
L3-Switch：FastEthernet0/24	192.168.1.1/24	
LAN Web Server：FastEthernet0	192.168.100.11/24	192.168.100.1

(6) 交换机的 VLAN 规划如表 20-5 所示。

表 20-5 VLAN 规划

交 换 机	VLAN 名称	端　口	VLAN 接口 IP 地址
L3-Switch	VLAN10	1	192.168.10.1/24
L3-Switch	VLAN20	2	192.168.20.1/24
L3-Switch	VLAN100	9	192.168.100.1/24

(7) 三层交换机的 DHCP 服务配置如表 20-6 所示。

表 20-6 DHCP 服务配置

地址池	地址范围	默认网关	DNS 服务器	排 除 范 围
DHCP10	192.168.10.0/24	192.168.10.1	192.168.10.1	192.168.10.1～192.168.10.10
DHCP20	192.168.20.0/24	192.168.20.1	192.168.20.1	192.168.20.1～192.168.20.10

(8) 在 LAN_Router 上配置端口地址转换，令内网的网段 192.168.1.0/24、192.168.10.0/24 和 192.168.20.0/24 可以访问外网。

(9) 全部配置完成后，内网的 PC 既可以访问内网的服务器(LAN Web Server)，也可以访问外网的服务器(WAN Web Server)。

20.1.3 任务步骤

步骤 1：三层交换机的基本配置。

三层交换机的基本配置包括交换机重命名、VLAN 创建与接口 IP 地址配置、启用路由功能等。

```
Switch(config)#hostname L3-Switch
L3-Switch(config)#vlan 10
L3-Switch(config-vlan)#exit
L3-Switch(config)#vlan 20
L3-Switch(config-vlan)#exit
L3-Switch(config)#vlan 100
```

```
L3-Switch(config-vlan)#exit
L3-Switch(config)#interface fastethernet 0/1
L3-Switch(config-if)#switchport mode access
L3-Switch(config-if)#switchport access vlan 10
L3-Switch(config-if)#exit
L3-Switch(config)#interface fastethernet 0/2
L3-Switch(config-if)#switchport mode access
L3-Switch(config-if)#switchport access vlan 20
L3-Switch(config-if)#exit
L3-Switch(config)#interface fastethernet 0/9
L3-Switch(config-if)#switchport mode access
L3-Switch(config-if)#switchport access vlan 100
L3-Switch(config-if)#exit
L3-Switch(config)#interface vlan 10
L3-Switch(config-if)#ip address 192.168.10.1 255.255.255.0
L3-Switch(config-if)#no shutdown
L3-Switch(config-if)#exit
L3-Switch(config)#interface vlan 20
L3-Switch(config-if)#ip address 192.168.20.1 255.255.255.0
L3-Switch(config-if)#no shutdown
L3-Switch(config-if)#exit
L3-Switch(config)#interface vlan 100
L3-Switch(config-if)#ip address 192.168.100.1 255.255.255.0
L3-Switch(config-if)#no shutdown
L3-Switch(config-if)#exit
L3-Switch(config)#ip routing
L3-Switch(config)#
```

步骤2：配置三层交换机的 DHCP 服务。

三层交换机的 DHCP 服务的配置实现不同 VLAN 的节点分配不同网段的 IP 地址。

```
L3-Switch(config)#ip dhcp pool DHCP10
L3-Switch(dhcp-config)#network 192.168.10.0 255.255.255.0
L3-Switch(dhcp-config)#default-router 192.168.10.1
L3-Switch(dhcp-config)#exit
L3-Switch(config)#ip dhcp pool DHCP20
L3-Switch(dhcp-config)#network 192.168.20.0 255.255.255.0
L3-Switch(dhcp-config)#default-router 192.168.20.1
L3-Switch(dhcp-config)#exit
L3-Switch(config)#ip dhcp excluded-address 192.168.10.1 192.168.10.10
L3-Switch(config)#ip dhcp excluded-address 192.168.20.1 192.168.20.10
L3-Switch(config)#
```

步骤3：内网路由器的基本配置。

内网路由器的基本配置包括路由器重命名、接口 IP 地址配置和启用等。

```
Router(config)#hostname LAN-Router
LAN-Router(config)#interface fastethernet 0/0
LAN-Router(config-if)#ip address 192.168.1.2 255.255.255.0
LAN-Router(config-if)#no shutdown
```

```
LAN-Router(config-if)#exit
LAN-Router(config)#interface serial 0/0/0
LAN-Router(config-if)#ip address 10.0.0.2 255.255.255.0
LAN-Router(config-if)#no shutdown
LAN-Router(config-if)#exit
LAN-Router(config)#
```

步骤4：配置内网路由协议。

内网路由协议的配置是指在三层交换机和内网路由器上配置 RIP 协议。

（1）配置三层交换机的路由协议。

```
L3-Switch(config)#interface fastethernet 0/24
L3-Switch(config-if)#no switchport
！禁用三层交换机接口的交换功能,才能在下一步为该接口配置 IP 地址
L3-Switch(config-if)#ip address 192.168.1.1 255.255.255.0
L3-Switch(config-if)#no shutdown
L3-Switch(config-if)#exit
L3-Switch(config)#router rip
L3-Switch(config-router)#version 2
L3-Switch(config-router)#no auto-summary
L3-Switch(config-router)#network 192.168.1.0
L3-Switch(config-router)#network 192.168.10.0
L3-Switch(config-router)#network 192.168.20.0
L3-Switch(config-router)#network 192.168.100.0
L3-Switch(config-router)#exit
L3-Switch(config)#
```

（2）配置内网路由器的路由协议。

```
LAN-Router(config)#router rip
LAN-Router(config-router)#version 2
LAN-Router(config-router)#no auto-summary
LAN-Router(config-router)#net 192.168.1.0
LAN-Router(config-router)#default-information originate
！发布默认路由
LAN-Router(config-router)#exit
LAN-Router(config)#
```

步骤5：配置网络地址转换。

在内网路由器上配置端口地址转换，令内网的网段 192.168.1.0/24、192.168.10.0/24 和 192.168.20.0/24 可以访问外网。

```
LAN-Router(config)#interface fastethernet 0/0
LAN-Router(config-if)#ip nat inside
LAN-Router(config-if)#exit
LAN-Router(config)#interface serial 0/0/0
LAN-Router(config-if)#ip nat outside
LAN-Router(config-if)#exit
LAN-Router(config)#access-list 1 permit 192.168.1.0 0.0.0.255
```

```
LAN-Router(config)#access-list 1 permit 192.168.10.0 0.0.0.255
LAN-Router(config)#access-list 1 permit 192.168.20.0 0.0.0.255
LAN-Router(config)#ip nat inside source list 1 interface serial 0/0/0 overload
LAN-Router(config)#ip route 0.0.0.0 0.0.0.0 serial 0/0/0
LAN-Router(config)#
```

步骤6：配置外网路由器(ISP端)。

外网路由器的基本配置包括路由器重命名、接口 IP 地址配置和启用等。

```
Router(config)#hostname WAN-Router
WAN-Router(config)#interface fastethernet 0/0
WAN-Router(config-if)#ip address 20.0.0.1 255.255.255.0
WAN-Router(config-if)#no shutdown
WAN-Router(config-if)#exit
WAN-Router(config)#interface serial 0/0/0
WAN-Router(config-if)#ip address 10.0.0.1 255.255.255.0
WAN-Router(config-if)#clock rate 64000
WAN-Router(config-if)#no shutdown
WAN-Router(config-if)#exit
WAN-Router(config)#
```

步骤7：任务测试。

全部配置完成后，内网的 PC 既可以访问内网的服务器(LAN Web Server)，也可以访问外网的服务器(WAN Web Server)。

步骤8：查看各台网络设备的运行配置文件。

(1) 三层交换机的运行配置文件，如图 20-2～图 20-4 所示。

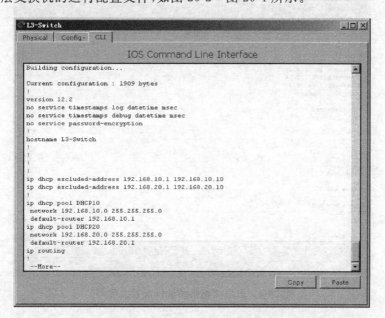

图 20-2 三层交换机的运行配置文件(1)

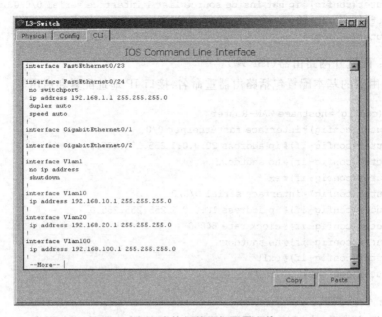

图 20-3　三层交换机的运行配置文件(2)

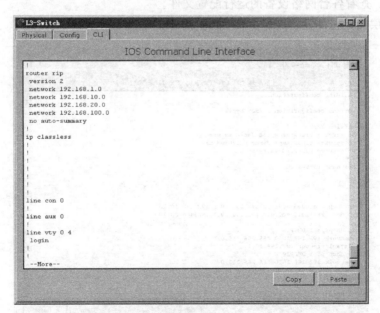

图 20-4　三层交换机的运行配置文件(3)

(2) 内网路由器的运行配置文件,如图 20-5 和图 20-6 所示。

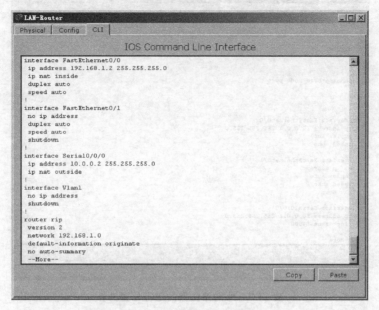

图 20-5　内网路由器的运行配置文件(1)

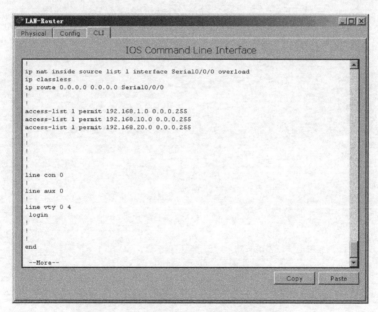

图 20-6　内网路由器的运行配置文件(2)

(3) 外网路由器的运行配置文件,如图 20-7 所示。

20.1.4　任务小结

(1) 本拓扑结构中,三层交换机为中心交换机,起到连接内网与外网的作用。

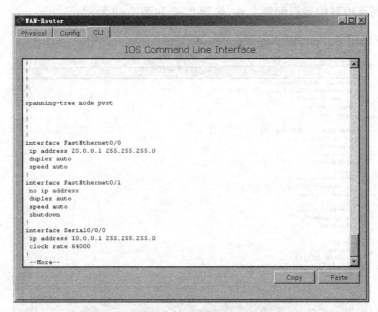

图 20-7　外网路由器的运行配置文件

（2）本拓扑结构中，二层交换机只起到扩展网络接口的作用，无须任何配置。

常见错误提示信息

附录 Appendix

错误类型	示 例	含 义
命令不全	Switch#show %Incomplete command.	缺少必需的命令或者参数
输入错误	Switch(config)#valn 　　　　　　　^ %Invalid input detected at '^' marker.	在"^"标记处检测到不存在的输入
命令歧义	Switch#show s %Ambiguous command："show s"	命令"show s"意义含糊,有不止一种含义
无法识别命令	Router>pinrg ? %Unrecognized command	

参 考 文 献

[1] 刘京中,等. 网络互联技术与实践[M]. 北京:电子工业出版社,2012.
[2] 汪双顶,等. 网络互联技术与实践教程[M]. 北京:清华大学出版社,2014.
[3] 曹炯清. 网络互联技术与实训[M]. 北京:科学出版社,2009.
[4] 肖学华. 网络设备管理与维护实训教程——基于Cisco Packet Tracer模拟器[M]. 北京:科学出版社,2011.
[5] 蔡学军. 网络互联技术[M]. 北京:高等教育出版社,2004.
[6] http://www.cisco.com.
[7] http://www.china-ccie.com.
[8] http://www.qingsword.com.